BETTINA VON STOCKFLETH

KATZEN
kinder

AUSWAHL,
HALTUNG,
SPIEL &
SPASS

W0085059

KOSMOS

INHALT

ABENTEUER
Katzenkinder

KATZENKINDER BEI SICH AUFZUNEHMEN,
IHRE ENTWICKLUNG ZU BEGLEITEN UND SIE ZU
LEBENSFROHEN STUBENTIGERN HERANWACHSEN
ZU SEHEN, MACHT SEHR VIEL FREUDE. ABER DIE
ZWERGE KÖNNEN AUCH ANSTRENGEND SEIN UND
BRAUCHEN SIE MEHR, ALS SIE SICH VIELLEICHT
VORSTELLEN. FINDEN SIE HERAUS, OB SIE BEREIT
SIND FÜR DAS ABENTEUER KATZENKIND.

SÜSS,
aber anspruchsvoll

Tierbabys sind einfach zauberhaft, und junge Katzen sind es ganz besonders. Mit ihrem flauschigen Fell, großen Augen und Ohren sowie ihren kleinen Stupsnäschen erfüllen sie das von dem Altmeister der Verhaltensforschung Konrad Lorenz definierte Kindchenschema wohl wie kaum ein anderes Jungtier. Kein Wunder also, dass die meisten Menschen und erst recht Katzenfreunde beim Anblick junger Samtpfoten dahinschmelzen und die Kleinen im Handumdrehen unsere Herzen erobern. Ausgesprochen fotogen sind die Zwerge ebenfalls, weshalb sich die mit ihren Konterfeis versehenen Produkte wunderbar vermarkten lassen: Katzenbabys zieren Taschen, Tassen und Teller, Notizbücher, Servietten, Regenschirme und vieles mehr. Selbst die für manche Postkartenmotive in alle möglichen Gefäße gestopften Katzenwelpen machen scheinbar gute Miene zum sicher nicht immer angenehmen Spiel. Werbewirksam purzeln sie im Dienste aller möglichen Produkte vom Toilettenpapier bis zum Weichspüler über unsere Bildschirme – natürlich in einer blitzblanken Wohnung, deren tadellose Einrichtung überhaupt nicht vermuten lässt, dass dort quirlige junge Tiere leben, die ihre Umgebung und die Leben ihrer Menschen gehörig auf den Kopf stellen können.

NEUGIERIG UND LERNBEREIT

Der Wunsch, selbst so einem entzückenden Wollknäuel ein Zuhause zu geben, kommt angesichts solcher Bilder schnell auf. Aber Katzenkinder sind sehr viel mehr als nur süß: Sie sind äußerst neugierig und lernwillig, sie brauchen eine katzentaugliche Umgebung, in der sie ohne Verletzungsgefahr spielen und toben können, und sie benötigen nicht nur gutes Futter, sondern auch sehr viel Zeit, Liebe und Zuwendung. Werden sie nicht artgerecht gehalten und aufgezogen, können sie gerade in diesem Lebensabschnitt, in dem sie besonders empfänglich für bleibende Eindrücke sind, gravierende seelische Schäden erleiden sowie in ihrer körperlichen Entwicklung beeinträchtigt werden.

Katzenkinder sind vor allem Kinder, und wie alle Kinder verfolgen sie das Ziel, möglichst schnell erwachsen zu werden. Mit großer Ausdauer und Hingabe üben sie daher schon im Alter von wenigen Wochen fleißig nahezu alle Verhaltensweisen ein, die zum Repertoire einer ausgewachsenen Katze gehören. Dabei agieren sie so unermüdlich, fantasievoll, beharrlich und konzentriert, wie spielende Kinder es nun einmal tun.

[a]

[b]

[a] **ERST IST DAS KITTEN** noch wackelig auf den Beinen, ...

[b] ... doch im Spiel verfliegt diese Unsicherheit sofort.

[c] **KONZENTRIERT** wird der Federwedel ins Visier genommen, die Tatze zum Zuschlagen bereit.

[d] **ENDLICH JAGDERFOLG!** Das Kätzchen hält seine „Beute" entschlossen fest, ...

[e] ... um instinktiv daran herumzuzupfen, als wolle es einen Vogel rupfen.

[c]

[d]

[e]

KEINE KATZENKINDHEIT ohne Streiche! Topfpflanzen sind beliebte Spielobjekte.

Tobende Katzenwelpen zu beobachten kann ein Quell großer Freude sein – und Panikattacken auslösen, wenn das Wohnzimmer dabei nicht im Sinne seiner menschlichen Bewohner genutzt wird und etwas zu Bruch geht. Schließlich sind Katzen Beutegreifer und müssen für ein erfolgreiches Jagen körperlich fit sein. Dazu gehört aber nicht nur die vom Spielgefährten Mensch organisierte und beaufsichtigte Verfolgung eines Fellmäuschens, sondern Rennen, Klettern und Strecken an mehr oder weniger geeigneten Gegenständen zwecks allgemeiner Körperertüchtigung, und zwar gerne auch zu Uhrzeiten, die den Lebensgewohnheiten ihrer Menschen oft so gar nicht entgegenkommen. Dass Katzenkinder ihre Halter nicht nur fordern, sondern häufig auch überfordern, kann man unter anderem in zahlreichen Internetforen nachlesen. Während viele frischgebackene Halter von Kätzchen dort um Rat fragen und sich äußerst gewissenhaft mit den Bedürfnissen ihrer

neuen Hausgenossen beschäftigen, wählen andere den einfachen Weg und geben die jungen Katzen schnell wieder ab. Gerade Hauskatzen werden im Frühjahr immer noch zuhauf geboren und die „überflüssigen" Babys oftmals sogar verschenkt. Macht das spontan aufgenommene Kitten wider Erwarten Arbeit und zerstört womöglich etwas, das seinen Haltern lieb und teuer ist, verfliegt die anfängliche Begeisterung schnell und man trennt sich ohne große Gewissensbisse schnell wieder von dem süßen Katzenkind – insbesondere, wenn es nichts gekostet hat. Leider landen diese Tierbabys nicht immer in guten Händen, und manche dieser unglücklichen Katzen entwickeln erhebliche Verhaltensauffälligkeiten. Dem erwachsenen Tier haftet schnell der Makel an, eine „Problemkatze" zu sein, die im günstigsten Fall ihr Leben im Tierheim fristen darf, wenn sie nicht das Glück hat, verständnisvolle und erfahrene Halter zu finden.

Eine wunderbare
CHANCE

Wenn Sie sich jedoch ganz bewusst nach reiflichem Überlegen entschließen, Katzenkinder aufzunehmen, erhalten Sie die wunderbare Chance, sehr viel Schönes zu erleben. Natürlich kommt mit den Kleinen eine Riesenportion Arbeit auf Sie zu, aber dafür werden Sie durch das bedingungslose Vertrauen und die Zuneigung Ihrer jungen Katzen mehr als entschädigt. Wenn Sie Katzenwelpen bei sich aufnehmen, dürfen Sie erleben, wie diese eine immer engere Bindung zu Ihnen aufbauen. Sofern Sie sich genügend Zeit nehmen, werden Sie für Ihre jungen Katzen nämlich nicht nur Dosenöffner und Putzpersonal, sondern in erster Linie Spiel- und Sozialpartner, Beschützer und zwischendurch auch noch mal Mutterersatz sein.

KATZEN SIND BINDUNGSFÄHIG

Entgegen einem immer noch weit verbreiteten Irrglauben binden Katzen sich sehr stark an ihre menschlichen Sozialpartner, wenn diese sich entsprechend auf sie einlassen. Das gilt natürlich auch für erwachsene Tiere, aber die Kleinen sind eben noch weitgehend „unbeschriebene Blätter", die sich relativ unkompliziert und schnell an Ihre Lebensgewohnheiten und die Ihrer Familie anpassen,

da sie einfach dort hineinwachsen. Außerdem macht es sehr viel Freude, die Fortschritte der anfangs noch tapsigen Kitten zu beobachten: Immer mutiger und geschickter erkunden sie ihren Lebensraum, den sie im Laufe weniger Wochen erheblich erweitern. Sehr bald zeichnen sich erste Vorlieben und spätere Charakterzüge der erwachsenen Katzen ab. Gerade, wenn Sie die Kindheit Ihrer Katzen bewusst verfolgen und genießen, werden Sie sich vor allem über eines wundern: wie schnell diese Zeit vorbei ist!

DER ENGE KONTAKT mit dem Menschengesicht bezeugt, dass dieses Kätzchen seinem Menschen vertraut.

AUS KÄTZCHEN WERDEN KATZENPERSÖNLICHKEITEN

Im Verhältnis zur durchschnittlichen Lebensspanne einer gesunden Wohnungskatze, die heutzutage durchschnittlich 15 Jahre und mehr beträgt, ist die Katzenkindheit nur eine sehr kurze Episode, selbst wenn man die Kindheit großzügig als die ersten zwölf Lebensmonate definiert. Nur ein Fünfzehntel des gesamten Katzenlebens oder sogar weniger entfällt somit auf Kindheit und Jugend einer Katze. Die längste Zeit werden Sie mit Ihren erwachsenen Katzen teilen, weshalb Sie sich gewissenhaft fragen sollten, ob sich die Faszination der Katzenbabys und -kinder auch auf die erwachsenen Tiere erstreckt und Sie bereit sind, 15 Jahre und länger mit allen Konsequenzen Verantwortung für Ihre kätzischen Mitbewohner zu übernehmen.

Info

DAS ERSTE LEBENSJAHR DER KATZE

Bis zum Ende der 3. Lebenswoche:	Säuglingsalter. Geringe Überlebenschancen ohne Mutter
4. bis 7. Lebenswoche:	frühes Kleinkindalter. Bedingt überlebensfähig ohne Mutter
8. bis 12. Lebenswoche:	Kleinkindalter. Das Kitten ist ohne Katzenmutter überlebensfähig, doch diese spielt jetzt eine wichtige Rolle beim Erlernen des Sozialverhaltens
4. bis 6. Monat:	Kindheit
7. bis 9. Monat:	Pubertät
10. bis 12. Monat:	Adoleszenz, d. h. die junge Katze reift zum erwachsenen Tier heran

Natürlich sind die Zeitangaben nur Richtlinien, denn auch Katzen sind Individuen. Gerade Pubertät und Adoleszenz können länger dauern und sich, unter anderem abhängig von der Rasse, nach vorne oder hinten verschieben. Orientalische Kurzhaarrassen gelten grundsätzlich als frühreif, während große Halblang- und Langhaarrassen wie Waldkatzen und Maine Coons eher spät erwachsen werden.

WENN KINDER achtsam mit Kitten umgehen, steht einer dauerhaften Freundschaft nichts im Wege.

KÄTZCHEN UND KINDER

Geben Sie bitte aus demselben Grund auf keinen Fall dem Wunsch Ihrer Kinder nach Katzenbabys statt, sofern Sie nicht selbst langfristig für die Katzen da sein können und möchten. Grundsätzlich sind Katzenkinder fantastische Spielkameraden für Kinder ab der Schulreife, wenn diese sich ernsthaft für die Beschäftigung mit den Tieren interessieren. Wichtig ist, dass Sie ihnen konsequente Regeln und eine gewisse Kompetenz im Umgang mit den Samtpfoten vermitteln. Ein Katzenkind, das häufiger grob angefasst oder gar am Schwanz gezogen wird, das willkürlich genau dann hochgenommen, durchgeknuddelt oder umhergetragen wird, wenn es sich gerade einen gemütlichen Schlafplatz gesucht hat, wird mit Sicherheit keine kinderfreundliche und auch keine vertrauensvoll entspannte erwachsene Katze. Damit das Zusammenleben von Kindern und Kitten gut geht, müssen Erstere verinnerlicht haben, dass ein Tier kein Spielzeug ist, sondern ein fühlendes Wesen, dessen Bedürfnisse und Recht auf Abgrenzung ebenso zu respektieren sind wie ihre eigenen. Außerdem werden aus den allzeit spielbereiten Kätzchen im Handumdrehen erwachsene Katzen, die sehr nachdrücklich signalisieren können, wann sie in Ruhe gelassen werden wollen. Falls Mieze mit einem Pfotenhieb auf Abstand geht, kann die einst so innige Freundschaft schnell abkühlen, zumal die Interessen des zweibeinigen Nachwuchses sich fast ebenso schnell ändern wie die ihrer vierbeinigen Spielgefährten. Dies wäre schade für Kinder und Katzen.

DOPPELTE FREUDE,
halber Stress

Sicher ist Ihnen schon aufgefallen, dass auf diesen Seiten fast ausschließlich von Katzenkindern die Rede ist statt von nur einem Katzenkind. Schon seit den 1960er-Jahren existieren diverse Veröffentlichungen von Verhaltensforschern, die herausgefunden hatten, dass domestizierte Katzen durchaus gesellige Neigungen besitzen. Haus- und Rassekatzen suchen auch als erwachsene Tiere nicht nur zu Fortpflanzungszwecken freiwillig die Gesellschaft von Artgenossen. In Städten wie Rom und St. Petersburg gibt es sogar riesige Hauskatzenkolonien, die dies eindrucksvoll belegen. Tatsächlich gehen Katzen mitunter sogar sehr tiefe und komplexe Freundschaften mit ihresgleichen ein, die oft ein ganzes Katzenleben lang halten. Bei der Auswahl ihrer besten Freunde sind die erwachsenen Tiere allerdings wählerisch, und es ist wohl in erster Linie diese Beobachtung, die Wasser auf die Mühle derjenigen schüttet, die immer noch fälschlich die Einzelhaltung von Katzen als richtig propagieren.

SCHON VIERWÖCHIGE KITTEN üben sich fleißig in Jagd- und Raufspielen.

DAS GRÖSSTE GESCHENK FÜR IHR KÄTZCHEN

Bitte lassen Sie sich durch diese veraltete Ansicht nicht beirren! Tatsächlich ist das größte Geschenk, das Sie einem einzelnen Katzenwelpen machen können, die Vergesellschaftung mit einem etwa gleichaltrigen Artgenossen. Ein Katzenkamerad ist besonders dann wichtig, wenn der Lebensraum Ihrer neuen Familienmitglieder ausschließlich auf die Wohnung beschränkt bleibt. Auch wenn Sie viel außer Haus sind oder es künftig sein werden, sind zwei Katzenkinder eine weitaus bessere Wahl als die Aufnahme eines einzelnen Kitten. Sie werden sehr viel Spaß daran haben, wie die Kleinen sich beim gemeinsamen Jagdspiel überrumpeln, im Hoppelgalopp durch die ganze Wohnung fegen oder gemeinsam todesmutig ein etwas unheimliches neues Spielzeug bepirschen. Die Haltung zweier Kätzchen hat einen weiteren großen Vorteil: Ein Kitten-Duo stellt sehr viel weniger an als ein einzelnes Katzenkind, das sich schnell langweilt und auf Spielmöglichkeiten ausweicht, die für die Katze oder Ihre Einrichtung ungeeignet sind.
Und sollten Sie ausnahmsweise mal überhaupt keine Zeit zum gemeinsamen Spiel haben, beschäftigen sich die Kleinen miteinander, so wie sie sich auch gegenseitig über Ihre Abwesenheit hinwegtrösten. Egal, mit wie viel Liebe und Zuwendung Sie ein einzeln gehaltenes Katzenkind bedenken: Kein Mensch kann einen kätzischen Partner ersetzen und dem für die körperliche und geistige Entwicklung eines jungen, gesunden Kitten so wichtigem Spieldrang wirklich gerecht werden!

GLEICH UND GLEICH GESELLT SICH GERN

Gesunde junge Katzen sind in Bezug auf eine Zusammenführung mit ihresgleichen unkompliziert. Sie können sie in der Regel vollkommen problemlos zusammenführen, ohne ernsthafte Auseinandersetzungen zwischen den Tieren befürchten zu müssen. In den ersten Tagen mögen die Kleinen sich ein wenig suspekt sein und dies mit gelegentlichem Fauchen quittieren, aber das gibt sich schnell. Ideal ist es, wenn Sie Kätzchen aufnehmen, die sich schon kennen, also in der Regel Wurfgeschwister. Am besten harmonieren zwei Katerchen oder zwei Katzenmädchen miteinander.
Mit einer Kater-Katze-Konstellation treten sehr oft spätestens ab der Pubertät (also etwa ab dem siebten Lebensmonat)

DIE GESCHWISTER geben Wärme und Geborgenheit.

Probleme auf, da in diesem Entwicklungsabschnitt die unterschiedlichen Spielvorlieben der Geschlechter deutlicher zutage treten. Die meisten Kater balgen und raufen gerne, während Kätzinnen in der Regel lieber einem Spielzeug hinterherjagen und es nicht so ruppig mögen. Natürlich gibt es auch zart besaitete, sanftmütige Kater und draufgängerische Katzenmädchen, aber meist leiden die Damen entweder still unter ihren flegelhaften Brüdern und sind ständig auf der Flucht, oder sie maßregeln diese rabiat. In einigen Fällen verhärten sich die Fronten langfristig so sehr, dass die Halter sich schweren Herzens von einem der beiden Tiere trennen müssen – ein Risiko, das Sie besser vermeiden sollten.

JUNGE LIEBE MIT FOLGEN

Eine weitere Gefahr bei der Haltung von Kater-Katze-Kombinationen besteht darin, dass diese womöglich schon ziemlich früh Nachwuchs zeugen. Als verantwortungsbewusster Tierfreund sollten Sie Ihre Katzen ohnehin kastrieren lassen (mehr dazu auf Seite 102). Doch während Sie bei gleichgeschlechtlichen Katzen ohne Freigang einen gewissen Spielraum bezüglich der Wahl eines günstigsten Zeitpunktes für den Eingriff haben, müssen Sie nunmehr mit Argusaugen über Kater und Katze wachen. Bei Geschwistern besteht überdies das Risiko, dass diese Sie mit einem Inzestwurf überraschen. Die Gefahr, dass Ihr Kater-Katze-Paar Junge bekommt, lässt sich zuverlässig

AUCH KATZE UND KATER können gut harmonieren – entscheidend ist das Temperament.

nur über eine bereits vor dem vierten Lebensmonat erfolgende Kastration abwenden, denn schon halbjährige Kätzinnen können ihre Besitzer mit Nachwuchs überraschen! Da Kater noch etwa sechs Wochen nach dem Entfernen der Hoden zeugungsfähig sein können, weil sich reife Spermien in den Samenleitern befinden, lassen Sie bitte das weibliche Tier zuerst kastrieren. Der Vollständigkeit halber sei gesagt, dass die Frühkastration bei Tierärzten immer noch umstritten ist und manche Veterinäre den Eingriff sogar ablehnen. Informieren Sie sich daher frühzeitig darüber, wie Tierärzte in Ihrer Gegend hierzu stehen und sprechen Sie den Punkt „Kastration" an, wenn Sie Ihre Kitten zum ersten Mal in einer Praxis vorstellen.

KEIN WELPENSCHUTZ FÜR KITTEN

Auch eine ältere Katze beziehungsweise mehrere ältere Katzen mit einem einzelnen Kitten zu vergesellschaften, ist nicht optimal für die Kätzchen. Die meisten ausgewachsenen Katzen reagieren für unsere Begriffe ziemlich intolerant auf ein spielwütiges Jungtier und dessen Energieüberschuss. Manche suchen nur gelangweilt bis entnervt das Weite, aber einige Tiere verhalten sich extrem ablehnend und werden handgreiflich – nicht nur Kater. Da kann ein Katzenkind nach einem Pfotenhieb schon mal quietschend über den Boden trudeln. Dieses Szenario wiederholt sich unter Umständen ziemlich oft, bis das Kleine entweder frustriert aufgibt oder die erwachsene Katze

„ICH HAB DICH LIEB!" – So geputzt werden nur die besten Freunde.

sich zurückzieht. Auch können sehr kleine oder zarte Kitten ernsthaft verletzt werden. Derart schlechte Erfahrungen sollten Sie den arglosen Jungspunden unbedingt ersparen. Im günstigsten Fall ist die ältere Katze zwar freundlich, aber weitgehend desinteressiert. Es kommt in Einzelfällen auch vor, dass der Senior sich vor dem Katzenbaby fürchtet, was mittelfristig zu Verhaltensauffälligkeiten wie Unsauberkeit führen kann. Gehen Sie so ein Risiko bitte gar nicht erst ein!
Dagegen werden zwei Kätzchen von einer Altkatze oder einer Gruppe älterer Tiere meist gut toleriert, da die Kleinen sich untereinander beschäftigen und nach ersten erfolglosen Annäherungsversuchen schnell begreifen, dass es besser ist, die „langweiligen Erwachsenen" einfach links liegen zu lassen. Zur Ehrenrettung der Spezies soll nicht unerwähnt bleiben, dass es auch überaus liebevolle „Katzenonkel" und „-tanten" gibt, die ganz entzückend mit den Kleinen umgehen – nur sollten Sie sich nicht darauf verlassen, dass gerade Sie so ein vorbildlich soziales Exemplar zu Hause haben.

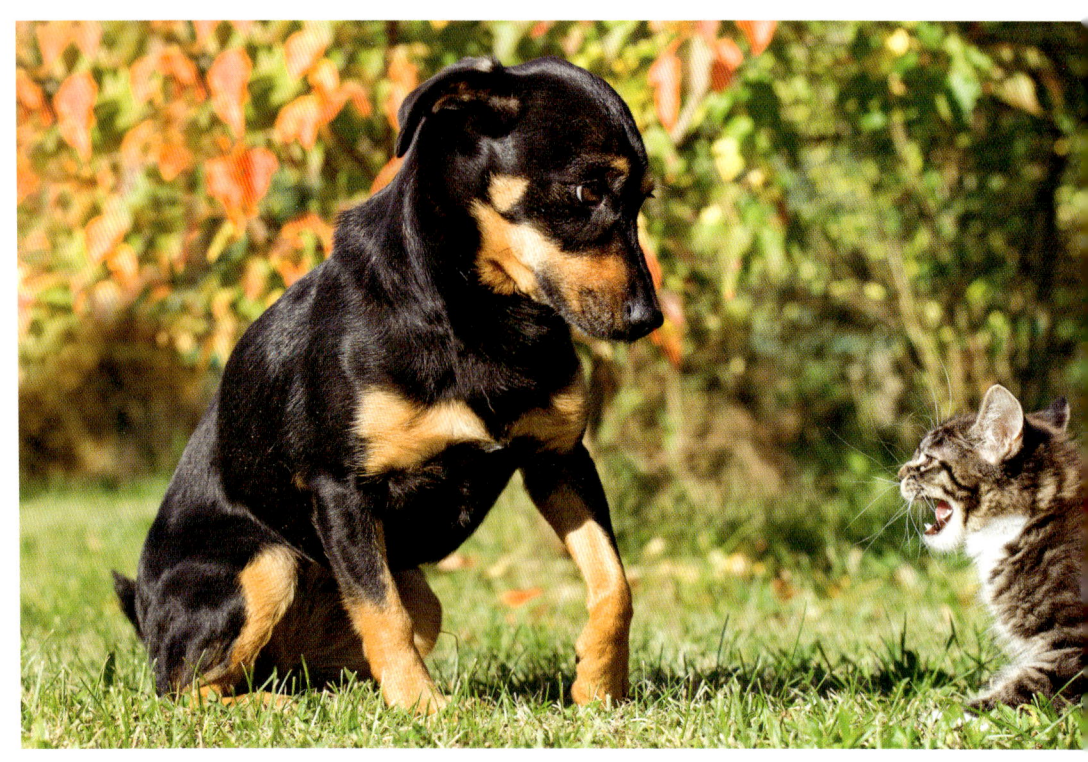

KATZENKINDER
und andere Haustiere

HUNDE

„Sie sind wie Hund und Katze." Dieses bekannte Sprichwort verweist nicht nur auf einen Streit (meist zwischen Mann und Frau), sondern beschwört unüberbrückbare Differenzen zwischen zwei Spezies, die einfach keine gemeinsame Sprache und damit auch keine Basis für ein Miteinander besitzen. Die Realität sieht jedoch keineswegs so finster aus: Hund und Katze können gute Freunde werden oder zumindest problemlos Seite an Seite leben, wenn sie richtig zusammengeführt werden. Ältere Hunde ohne schlechte Erfahrungen mit Katzen sowie Welpen reagieren meist freundlich und neugierig auf Katzenkinder. Dennoch sollten die Tiere sich zunächst nur unter Aufsicht begegnen und der Hund hierbei immer kurz angeleint sein.

Die Katzenkinder müssen sich jederzeit zurückziehen können, beispielsweise auf einen standfesten hohen Kratzbaum oder in einen anderen Raum, den der Hund nicht betreten darf. Negative Ereignisse

brechen, zum Beispiel wenn die Tiere sich heftig erschrecken oder aufregen. Verzichten Sie in diesem Fall lieber ganz auf die Haltung von Katzen – es sei denn, Sie haben die Zeit, das Geld und die Konsequenz, die Tiere mithilfe eines professionellen Tiertrainers aneinander zu gewöhnen sowie die Möglichkeit, sie während Ihrer Abwesenheit stets zu trennen, ohne ihre vertrauten Lebensräume zu sehr einzuschränken. Ein ebenso auf Hunde- wie auf Katzenverhalten spezialisierter Trainer oder Tierpsychologe ist auch dann hilfreich, wenn Sie insgesamt bei der Zusammenführung unsicher sind oder erst mal eine weitere Meinung zu den charakterlichen Voraussetzungen Ihres Hundes einholen möchten.

KLEINTIERE UND EXOTEN

Ausgewachsene Kaninchen, Hasen und Meerschweinchen haben von Katzenkindern nichts zu befürchten, sofern sie in ihren Ausläufen und Käfigen vor direktem Kontakt geschützt sind.
Meistens reagieren sie recht gelassen auf quirlige Katzenkinder und werden deshalb auch nicht als potenzielle Beute oder Spielpartner gesehen. Einen gewissen Schutz genießen sie auch durch die Tatsache, mindestens genauso groß wie die jungen Katzen zu sein. Dennoch sollten Sie diese Tierarten nie unbeaufsichtigt zusammen alleine lassen, denn auch Katzenkinder haben schon scharfe Krallen, können mit den Pfoten durch das Gitter in den Käfig greifen und die Bewohner ernsthaft verletzen. Auch wachsen Ihre Katzenkinder schnell heran, und dann

wie Schimpfen, Strafen und Zwang verbinden die Tiere unweigerlich mit der neuen Situation und der Anwesenheit des noch fremden Vierbeiners. Loben Sie daher jede freundliche Kontaktaufnahme sowie ruhiges, gelassenes Verhalten ausgiebig und vergessen Sie nicht, dass Hunde grundsätzlich eifersüchtiger als Katzen sind. Verwöhnen Sie Ihren Hund daher mit besonders viel Zuwendung – Ihre Kätzchen werden es Ihnen nicht verübeln. Jagdhunde und solche, die Katzen im Freien nachstellen, sind keine einfachen Kandidaten für das Zusammenleben mit Samtpfoten. Jagdlich geführte Hunde sind in der Regel vorbildlich erzogen, und Hunde unterscheiden durchaus zwischen zu ihrem Familienverband gehörenden und fremden Tieren, die dann „Freiwild" sind, doch können Animositäten oder der Jagdtrieb selbst immer wieder durch-

IN JEDEM KÄTZCHEN steckt noch ein Raubtier, in dessen Beuteschema vor allem Nager und Vögel fallen.

könnte ein Kaninchen oder Meerschweinchen doch mal interessanter für Ihre neugierigen Kätzchen sein, als Sie vermuten. Junge Kaninchen, aber auch ausgewachsene Ratten, Hamster und Mäuse sowie kleinere Vögel fallen genau in das Beuteschema von Katzen. Die ruckartigen und schnellen, huschenden Bewegungen, das Geflatter und Geraschel dieser Tierarten ist für jede Katze unwiderstehlich – sie reagiert instinktiv darauf. Insbesondere nervöse Vogelarten wie Zebrafinken und Kanarienvögel stehen bei ständiger Anwesenheit des Fressfeindes Katze unter großem Stress, aber auch Wellensittiche und andere kleine Sitticharten sind in Gefahr. Eine konsequente räumliche Trennung mit Sichtschutz ist hier das Mittel der Wahl, denn ein Leben in Angst und

Schrecken würde diese kleinen, mit starken Fluchtimpulsen ausgestatteten Tierarten langfristig krank machen. Große Papageien, Reptilien und manche Amphibien können dagegen die Katzen gefährden. Papageien sind territorial, reagieren sehr schnell und beißen kräftig zu, wenn sie sich belästigt oder bedroht fühlen. Ihre Kätzchen können so schnell eine Zehe oder eine vorwitzig durchs Gitter baumelnde Schwanzspitze einbüßen. Einige Reptilien und Amphibien übertragen Gifte mittels Hautkontakt oder Biss, wenn sie bedrängt werden. Wenn Sie unsicher sind, informieren Sie sich bitte eingehend bei erfahrenen Haltern oder dem Züchter Ihrer Exoten. Im Zweifelsfall halten Sie die Kitten bitte konsequent getrennt von diesen Tieren.

ABENTEUER
mit Verantwortung

Sie sehen, es gibt einiges zu bedenken, bevor Ihre Katzenkinder bei Ihnen einziehen. Doch selbst ein gut geplantes Abenteuer birgt immer noch jede Menge Überraschungen, die dank Ihrer sorgfältigen Vorbereitung auf die Ankunft des vierbeinigen Familienzuwachses jedoch vor allem erfreulicher Natur sein werden. Genießen Sie die Kindheit und Jugend Ihrer Katzen bewusst, denn in dieser Zeit haben Sie die besten Voraussetzungen, um aus Ihren Katzenkindern menschenfreundliche, souveräne und glückliche Katzenpersönlichkeiten zu machen. Apropos Voraussetzungen: Im nächsten Kapitel erfahren Sie, welche Entwicklungen und Lernprozesse Ihr Kätzchen in den für seine Persönlichkeitsbildung äußerst wichtigen ersten zwölf Lebenswochen durchläuft. Sein Abenteuer hat nämlich schon begonnen, bevor es bei Ihnen einzieht!

FRÜHE STREICHELEINHEITEN vom Sozialparter Mensch sind wichtig für die Entwicklung der Kleinen.

Test

SIND SIE BEREIT FÜR DAS ABENTEUER KATZENKINDER?

Bitte beantworten Sie die Fragen für sich selbst ehrlich. Wenn Sie die Fragen 1 bis 9 mit „Nein" und die Fragen 10 bis 12 mit „Ja" beantworten, haben Sie beste Voraussetzungen, um sich auf das Abenteuer Katzenkinder einzulassen. Anderenfalls notieren Sie bitte die kritischen Punkte und entscheiden nach dem Lesen dieses Buches, ob die Anschaffung von Katzenkindern für Sie infrage kommt.

1. Leben in Ihrem Haushalt Kinder, die jünger als fünf Jahre sind oder planen Sie demnächst Nachwuchs?

    JA   NEIN

2. Wären die Katzenkinder im ersten halben Lebensjahr regelmäßig länger als fünf Stunden täglich alleine?

    JA   NEIN

3. Leben in Ihrem Haushalt bereits andere Haustiere?

    JA   NEIN

4. Ist Ihr Wohnraum überwiegend mit wertvollen Möbeln, Teppichen oder anderen Einrichtungsgegenständen ausgestattet, die Ihnen sehr viel bedeuten?

    JA   NEIN

5. Stehen Ihnen weniger als 40 Quadratmeter Wohnraum zur Verfügung?

    JA   NEIN

6. Gibt es in Ihrem Haushalt Katzenallergiker?

    JA   NEIN

7. Möchten Sie trotz ausschließlicher Wohnungshaltung prinzipiell nur ein Katzenkind aufzunehmen?

    JA   NEIN

8. Verreisen Sie und Ihre Familie häufig und für längere Zeit?

    JA   NEIN

9. Planen Sie in den nächsten zwölf Monaten größere räumliche Veränderungen wie einen Umzug oder Hausbau?

    JA   NEIN

10. Haben Sie die finanziellen Mittel, um pro Katze monatlich 50 EUR auszugeben und pro Jahr und Katze etwa mindestens 300 EUR für Tierarztkosten bereitzuhalten?

    JA   NEIN

11. Haben Sie zuverlässige Katzenhüter bzw. Unterbringungsmöglichkeiten, falls Sie – auch unvorbereitet – für längere Zeit Ihre Katzen nicht selbst versorgen können?

    JA   NEIN

12. Gestattet Ihr Vermieter beziehungsweise die Eigentümergemeinschaft die Haltung von Katzen?

    JA   NEIN

Großes Wunder –
KLEINE KATZE

DIE ERSTEN ZWÖLF LEBENSWOCHEN EINER KATZE
STELLEN DIE WEICHEN FÜR EIN GANZES KATZENLEBEN.
ANGEBORENES WIRD WEITER TRAINIERT UND LERN-
PROZESSE BEREITEN DAS KÄTZCHEN OPTIMAL AUF DIE
INTERAKTION MIT SEINEM KÜNFTIGEN LEBENSRAUM VOR.
LESEN SIE HIER ERSTAUNLICHES ÜBER DIE GANZ KLEINEN.

Die ersten zwei
LEBENSWOCHEN

TRINKEN, SCHLAFEN, WACHSEN

Nach einer Tragzeit von durchschnittlich 63 Tagen (Abweichungen um vier bis fünf Tage sind normal) werfen Katzenmütter ihre Jungen. Während der erste Wurf einer jungen Kätzin oft nur aus zwei oder drei Babys besteht, sind vier bis sechs Welpen die Regel. Sehr große Würfe können auch mal acht bis neun Junge zählen. Auf jeden Fall hat die frisch gebackene Mutter fortan alle Pfoten voll zu tun, denn die Entwicklungsschritte, die ihre Babys in den ersten zwölf Lebenswochen durchlaufen, vollziehen sich in einem geradezu atemberaubenden Tempo. Gesunde Kitten einer Hauskatze wiegen bei ihrer Geburt etwa 80 bis 100 Gramm und passen mit einer Rumpflänge von gut zehn Zentimetern bequem in die Hand eines Erwachsenen. Oft verlieren sie in den ersten zwei bis drei Tagen nach der Geburt etwas an Gewicht, doch grundsätzlich nehmen sie bis zur zwölften Lebenswoche jede Woche um die 70 bis 100 Gramm zu – eine enorme Leistung für den kleinen Organismus!

IMMER BEI DER MUTTER

Die ersten beiden Lebenswochen verbringen die jungen Kätzchen ausschließlich bei der Mutter, auf deren intensive Fürsorge sie in dieser Zeit vollkommen angewiesen sind. Nach der Geburt leckt die Katzenmutter sie gründlich ab und regt durch die Zungenmassage den Kreislauf der Kleinen an. Dann müssen sie ihre erste große Lebensaufgabe bewältigen: Es gilt, eine Zitze zu finden und die immens wichtige erste Muttermilch (Kolostrum) aufzunehmen, die eine besondere Mischung aus Proteinen, Enzymen sowie Antikörpern enthält – ein echter Powerdrink also, der das noch nicht entwickelte Immunsystem der Kitten stärkt und sie in den ersten Lebenswochen bis zu einem gewissen Grad vor Infektionen schützt. Mit ihrer rauen Zunge bringt die Mutter auch die Verdauung der Jungen in Gang und verzehrt anschließend die Ausscheidungsprodukte. Ansonsten wird geschlafen, geschlafen, und geschlafen ...

Wussten Sie ...

...das junge Katzenbabys einen „Drall" haben? Indem sie entweder die linken oder rechten Gliedmaßen stärker einsetzen, robben sie in einer spiralförmigen Bewegung wieder auf die sichere Nestmitte zu.

[a]

[b]

[a] **DIE KLEINEN** geben sich auch gegenseitig die lebenswichtige Nestwärme, ...

[b] ... aber noch schöner ist das Kuscheln mit der Mutter.

[c] **SCHON BEI NEUGEBORENEN KITTEN** sind die Krallen zwar voll ausgebildet, aber zart und weich.

[d] **NOCH SIND AUGEN UND OHREN** dieses Kätzchens geschlossen. Es orientiert sich ausschließlich über den Geruchs- und Tastsinn.

[e] **MIT FÜNF KITTEN** ist diese Katzenmutter voll ausgelastet. Größere Würfe zehren die Mutter oft stark aus.

[c]

[d]

[e]

KITTEN DESSELBEN WURFS können ganz unterschiedlich aussehen und sogar verschiedene Väter haben.

JEDE MENGE RUHE

Ungestörter Schlaf ist für die Neugeborenen ein absolutes Muss, da ihr Wachstum hauptsächlich in den Ruhephasen stattfindet. Daher sollte man die Kitten in den ersten zwei Wochen nur für kurze Zeit zum Wiegen oder für eine gegebenenfalls erforderliche medizinische Versorgung aus dem Wurflager nehmen. Auch kurzes Streicheln und In-der-Hand-halten von ein bis zwei Minuten ist wichtig, da es die körperliche Frühentwicklung fördert, wie Studien belegen. Am besten übernimmt dies die Person, der die Katzenmutter am meisten vertraut. Andere Menschen und Tiere haben in unmittelbarer Nähe des Wurfes vorerst nichts zu suchen, denn Störungen – sowohl der Mutter als auch ihres Nachwuchses – beeinträchtigen das Wachstum der Kätzchen, und Besucher können gefährliche Krankheitserreger einschleppen.

DER ÄLTESTE SINN DER SÄUGETIERE

Katzenbabys werden blind und taub geboren, aber wie bei allen Säugetierbabys ist ihre Fähigkeit, Gerüche zu erkennen, bereits gut ausgeprägt. Der Geruchssinn ist uralt und ein Erbe der ersten Einzeller auf unserem Planeten, die sich über ein chemisches Schlüssel-Schloss-Prinzip fanden, um sich zu vermehren. In Verbindung mit Tastsinn und Temperaturempfinden hilft der Geruchssinn den Babys beim Aufspüren der mütterlichen Milchbar. Tatsächlich identifizieren die Kätzchen schon vom dritten Lebenstag an so die von ihnen gewählte Zitze und suchen diese fortan zielstrebig auf – eine gute Strategie, um unnötiges, kräftezehrendes Gerangel mit den Geschwistern zu vermeiden, denn in den ersten Tagen sind die Kitten körperlich noch recht schwach. Sie verlagern ihr Gewicht höchstens durch Drehungen von Oberkörper und Hüfte, während die Beinchen – abgesehen vom Milchtritt – recht ziellos paddeln. So hat die erholungsbedürftige Katzenmutter vorerst alles unter Kontrolle und kann ihre Kinderschar im Nest zusammenhalten, ohne sich weiter verausgaben zu müssen.

EMPFINDLICHE WESEN

Die neugeborenen Kitten erwecken zwar den Eindruck, als ob sie noch nicht viel mitbekämen, aber dem ist nicht so: Sie reagieren auf unangenehme Reize im Rahmen ihrer Möglichkeiten mit Rückzug und empfinden bei entsprechender Behandlung Schmerzen. Tatsächlich sind sie sogar wesentlich schmerzempfindlicher als erwachsene Tiere – ein Schutzmechanismus der Natur, der dafür sorgt, dass die Babys selbst bei geringfügigen Schmerzreizen sofort laut klagend nach ihrer Mutter rufen. Umso verabscheuungswürdiger ist angesichts dieser Tatsache die vor allem in ländlichen Regionen immer noch weit verbreitete Praxis, unerwünschte Katzenwelpen mit fragwürdigen Methoden umzubringen oder die neugeborenen Kätzchen einfach der Mutter wegzunehmen, ohne deren Fürsorge sie langsam und qualvoll verenden.

KÄTZCHEN MÜSSEN ERST „WARMLAUFEN"

Besonders sensibel reagieren sehr junge Kitten auf Kältereize, denn ihr Organismus erwirbt die Fähigkeit zur eigenständigen Temperaturregelung erst im Laufe

ZIELSTREBIG findet das Junge „seine" Zitze.

der ersten sieben Lebenswochen. In diesem Zeitraum steigt ihre Körpertemperatur von circa 37 Grad Celsius langsam auf die erwachsener Tiere, die bei 38,5 bis 39 Grad Celsius liegt. Je jünger die Kätzchen sind, desto gefährlicher ist Kälte daher für sie – sie können sich noch nicht mithilfe der Muskulatur warm zittern und sind darauf angewiesen, ihre kleinen Körper mit den Geschwistern kuschelnd und zuverlässig beheizt von ihrer Mutter auf „Betriebstemperatur" zu halten. Wird ein Kitten versehentlich abgedrängt, sucht es mit pendelnden Kopfbewegungen in Kreisen robbend die wärmenden Geschwister und die Mutter. Ein Junges, das sich weitab vom Nest wiederfindet, macht sofort mit dünnem, durchdringendem Fiepen auf sich aufmerksam. Dies ruft sofort die Katzenmutter auf den Plan, die das Kleine mit sicherem Griff an der Nackenfalte zurück ins Wurflager trägt.

MIT ENERGISCHEM NACKENGRIFF wird der Katzenwelpe ins Wurflager zurückgebracht.

VORSICHT, HITZE!

In unseren Breiten weniger oft bedacht wird, dass auch große Wärme für die Kleinen eine ernsthafte Gefahr darstellt. In den ersten zwei Wochen darf die Temperatur des Wurflagers ruhig 30 bis 32 Grad Celsius betragen, aber direkte Sonneneinstrahlung und höhere Tempe-raturen sind lebensgefährlich, da die Kätzchen auch schnell überhitzen und austrocknen können. Falls zum zusätzlichen Wärmen des Wurflagers oder aus medizinischen Gründen für die Mutterkatze eine Rotlichtlampe verwendet wird, muss den Tieren immer die Möglichkeit gegeben werden, sich innerhalb des Lagers aus der direkten Bestrahlung zurückzuziehen. Ein auf 37 Grad Celsius eingestelltes Heizkissen oder eine entsprechend temperierte Wärmflasche – ebenfalls unter Aufsicht – sind auf jeden Fall die besseren Alternativen.

BEI DIESEM KITTEN sieht man, wie die Augen sich gerade zu öffnen beginnen.

DIE SINNE ERWACHEN

Während die Kitten im Schutz ihres Lagers vor allem in der ersten Lebenswoche ein scheinbar eintöniges Leben führen, das nur aus Fressen und Schlafen besteht, geschieht „hinter den Kulissen" sehr viel.

WEISSE, blauäugige Katzen sind oft taub.

Info

SCHÖNHEITEN MIT HANDICAP
Wussten Sie, dass rein weiße Katzen häufig taub sind? Am häufigsten betroffen sind weiße Tiere, die als Erwachsene blauäugig sind, denn das Gen, welches die blaue Augenfarbe hervorruft, sitzt im DNA-Strang in unmittelbarer Nähe desjenigen, das eine Degeneration der Hörschnecke verursacht. Benachbarte Gene vererben sich oft gemeinsam, und so sind etwa 70 Prozent aller blauäugigen Katzen taub. Hieraus resultiert auch, dass weiße Katzen mit verschiedenfarbigen Augen oft nur einseitig gehörlos sind, und zwar auf der Seite, auf der das blaue Auge liegt.
Bis etwa zum Ende der fünften Lebenswoche haben alle Katzenbabys violettblaue, leuchtend blaue bis grau-blaue Augen, da sich in der Iris noch nicht das Pigment Melanin gebildet hat. Erst danach zeichnet sich die künftige Augenfarbe ab. Bei den meisten Tieren beginnt die endgültige Augenfarbe sich in der fünften bis sechsten Lebenswoche auszuprägen. Bei einem zwölfwöchigen Kätzchen kann man schon recht genau erkennen, welche Farbe bleiben wird, aber sie kann sich in Einzelfällen noch bis zum dritten Lebensjahr leicht verändern.
Wenn Sie unsicher sind, ob Ihre weißen Kitten hören können, lassen Sie sie beim Tierarzt testen. Wichtig: Tauben Katzen sollten Sie auf keinen Fall ungesicherten Freigang gestatten, da sie potenzielle Gefahren wie nahende Hunde oder Autos zu spät bemerken würden!

Nicht nur Verdauungstrakt, Leber und Nieren wachsen und reifen allmählich zu ihrer vollen Funktionsfähigkeit, auch das Gehirn entwickelt sich kontinuierlich weiter und prägt ebenso wie das Nervensystem die entsprechenden Strukturen aus, um das Erwachen von zwei weiteren Sinnen vorzubereiten: Gehör und visuelle Wahrnehmung.
Im Alter von etwa fünf Tagen öffnet sich der bisher schützend geschlossene äußere Gehörgang, und spätestens am Ende der ersten Lebenswoche können die Kleinen hören. Das Gehirn erhält damit eine neue Aufgabe: Es muss erst lernen, akustische Eindrücke zu verarbeiten und vor allem angemessen zu bewerten. Deshalb reagieren die Kitten erst am Ende der zweiten Lebenswoche differenziert auf Umweltgeräusche. Aber bereits im Alter von vier Wochen entspricht ihre Hörleistung und Zielsicherheit beim Orten von Geräuschquellen der erwachsener Tiere.

DIE HEILIGE BIRMA behält ihre blauen Augen auch als erwachsene Katze.

SCHAU MIR IN DIE AUGEN, KLEINES!

Junge Katzen öffnen die Augen im Schnitt im Alter von zehn Tagen, aber manche Kätzchen riskieren durchaus schon in der ersten Lebenswoche einen Blick, während andere die Augen bis zur dritten Woche geschlossen halten. Offenbar sind Katzendamen neugieriger auf die Welt: Verhaltensforscher haben beobachtet, dass meist die weiblichen Tiere eines Wurfes zuerst die Augen öffnen. Warum das so ist, entzieht sich allerdings immer noch unserer Kenntnis. Auf jeden Fall ist für viele menschliche „Katzeneltern" das Öffnen der Augen ein ganz besonderer Moment, denn der Mensch ist bekanntlich ein Augentier. Wir empfinden die Augen eines Mitgeschöpfs als Spiegel seiner Seele, und der Niedlichkeitsfaktor der Kätzchen potenziert sich mit dem Öffnen der Augen zweifellos noch einmal.

SEHEN UND KÖRPER-KOORDINATION

Mit der zunehmenden Sehfähigkeit – erst gegen Ende der fünften Lebenswoche ist das Augenwasser ganz klar – steigt auch die körperliche Aktivität der Kätzchen spürbar. Das Sehen spielt nämlich beim Erlernen der Körperkoordination eine wichtige Rolle, und Sie werden beobachten, wie die Kleinen sich jetzt immer entschlossener auf noch wackeligen Beinchen aufstemmen, erste Schritte machen und anfangen, im Wurflager umherzuwuseln. Der Gesichtssinn ist neben dem Gehör der wichtigste Sinn der Katze – schließlich werden die kleinen Wollknäuel einmal zu eifrigen Jägern, die stark auf Bewegungen einer möglichen Beute reagieren. Dank des *Tapetum lucidum*, einer lichtreflektierenden Schicht hinter der Netzhaut, sehen Katzen im Dunkeln sechsmal so gut wie wir – eine optimale Anpassung an nächtliche Aktivität.

Die dritte bis siebte
LEBENSWOCHE

Etwa gegen Ende der dritten Lebenswoche machen gesunde Kätzchen richtig mobil! Ab jetzt wird das Gehen fleißig geübt – einen wackeligen Schritt nach dem anderen. Weit kommen sie allerdings noch nicht, denn die Gliedmaßen sind zu kurz und schwach für längere Exkursionen. Erst im Alter von vier Wochen klappt die Körperkoordination so gut, dass die Kitten nicht nur lebhaft im Wurflager spielen, sondern sich auf ihren Ausflügen auch schon einige Meter weit aus dem schützenden Nest entfernen. Die Katzenmutter ist mittlerweile froh, wenn sie nicht ständig ihre Rasselbande um

sich hat, denn die ersten Milchzähne der Welpen haben sich auch schon ihren Weg gebahnt. Jetzt kann geknabbert und gezwickt werden – leider auch am Gesäuge der Mutter, die zunehmend intoleranter reagiert, wenn ihr Nachwuchs sich an der Milchbar nicht anständig benimmt. Dies ist genau der richtige Zeitpunkt, um den Kleinen Feuchtfutter in einer flachen Schale anzubieten, das gerne angenommen wird, sobald die Mutter gezeigt hat, wie es geht. Es muss kein spezielles Kittenfutter sein, sofern eine hochwertige Sorte mit hohem Proteinanteil verwendet wird.

IN GESELLSCHAFT schmeckt das neue Futter gleich doppelt so gut.

ERSTE SCHRITTE IN DIE WELT

Während die Kätzchen vor nur zwei Wochen noch hilflose, vollkommen von der Mutter abhängige Würmchen waren, streben mutige Kitten bereits im zarten Alter von drei Wochen aus dem sicheren Nest heraus. Schon eine Woche später kann man beobachten, wie die Kleinen lebhaft miteinander spielen und anfangen, im Umgang mit Geschwistern und Mutter erste Jagd- und Beutefangaktivitäten einzuüben. Jetzt darf und soll der Mensch über kurzes Streicheln sowie die Kontrolle von Gesundheit und Wachstum der Kleinen hinaus ins Spiel kommen, und zwar im wahrsten Sinne des Wortes. Er hat das verantwortungsvolle Vergnügen, die weitere Entwicklung der Babys mit dem nötigen Sachverstand, Feingefühl und viel Liebe zu begleiten und ihnen beizubringen, dass Zweibeiner nicht nur akzeptable Dosenöffner und amüsante Spielkameraden sind, sondern vor allen Dingen kompetente Sozialpartner, denen ein Kätzchen vertrauen kann.

FRÜHE POSITIVE ERFAHRUNGEN mit Menschen sind für das ganze Katzenleben prägend.

VON KÜKEN UND KÄTZCHEN: DIE PRÄGEPHASE

Sobald dem Kätzchen alle Sinne zur Verfügung stehen, beginnt die überaus wichtige Prägephase. Vielleicht erinnern Sie sich aus der Schulzeit noch an die Experimente, die Konrad Lorenz mit Gänseküken durchführte: Die frisch geschlüpften Gössel sahen in dem Verhaltensforscher ihre Mutter, weil er das erste Lebewesen war, das sie nach dem Schlüpfen erblickten. Da Gänse Nestflüchter sind, erfolgt ihre Prägung extrem schnell und nachhaltig, damit sie bei Gefahr bedingungslos und unbeirrt der Mutter folgen.

Unsere Haus- und Rassekatzen sind jedoch Nesthocker sowie Beutegreifer. Das bedeutet, dass sie viel differenzierter auf ihre Umwelt reagieren müssen als eine Gans, die ihrer Nahrung nicht nachstellen muss. Aber auch sie sind für Erfahrungen und Umwelteindrücke in den ersten zwölf Wochen besonders sensibel: Positives wie Negatives prägt sich in diesem Lebensabschnitt tief ein und lässt sich später entweder gar nicht mehr oder nur mit sehr viel Geduld, Kenntnissen der Lerntheorie sowie großem zeitlichen Aufwand korrigieren. Die Mutter ist als Vorbild in dieser Zeit ebenfalls enorm wichtig, denn wenn das Kitten nicht so recht weiß, was es von einem fremden Wesen, unbekannten Gegenständen oder einer Situation halten soll, wird es sich instinktiv an ihrem Verhalten orientieren. Die Menschen, in deren Obhut die Katzenbabys heranwachsen, tragen somit eine große Verantwortung für das Formen eines souveränen, menschenbezogenen Katzencharakters.

SCHON DIE KLEINSTEN können lernen, dass nicht alles, was brüllt, auch gefährlich ist.

LERNEN FÜRS LEBEN

Zwischen der dritten und siebten Lebenswoche sind die Kätzchen besonders empfänglich für die Prägung durch sämtliche Umwelteindrücke. Deshalb sollten die Kleinen auf keinen Fall vom Alltag ihrer menschlichen Familie abgeschirmt werden, auch wenn es sinnvoll ist, ihre Spielaktivitäten vorerst aus Sicherheitsgründen auf ein Zimmer zu beschränken. Durch eine Gittertür hindurch oder bei beaufsichtigten Spaziergängen mit ihrer Mutter können sie möglichst viel und abwechslungsreichen Kontakt zu ihrer Umwelt erhalten: Alltägliches wie Musik, das Flackern eines Fernsehbildschirms, die Betriebsgeräusche von Haushaltsgeräten, draußen vorbeifahrende Autos, Baustellen- und Fluglärm, Vogelgezwitscher, menschliche Unterhaltungen oder Kindergeschrei und viele Eindrücke mehr werden in dieser Zeit verarbeitet und schließlich unter „harmlos" abgespeichert. Der Staubsauger mag anfangs suspekt sein, aber wenn Mama keine Angst davor hat, kann das Ding nicht wirklich gefährlich sein, auch wenn es merkwürdig brummt und den Boden um sich herum vibrieren lässt ...

IST DIE MUTTER ENTSPANNT, ist ihr Nachwuchs es auch, wie diese Spielszene deutlich zeigt.

JUNGE KATZEN sind für alle Sinneseindrücke offen. Was neu ist, wird von den Zwergen untersucht.

DER KLEINE LÖWENZAHN ist ebenso spannend wie der große Kratzbaum.

SPIELZIMMER FÜR KATZENKINDER

Ein gut eingerichtetes Katzenkinderzimmer, in dem der Nachwuchs etwa bis zum Ende der achten Lebenswoche untergebracht werden sollte, ist mit maximal einem Meter hohen, standfesten Kratz- und Kletterelementen ausgestattet sowie mit Spielzeugen, die so beschaffen sind, dass die Kitten sie oder Teile davon auf keinen Fall verschlucken können. Kuschelhöhlen sind ebenfalls sinnvoll: Sie werden für ein Nickerchen oder als Versteck, in dem man herrlich den Geschwistern auflauern kann, genutzt. Wichtig sind außerdem mehrere flache, offene Katzentoiletten mit nicht klumpender Streu, die von den Zwergen schnell gefunden werden, wenn ein großes oder kleines Geschäft ansteht. Die meisten handelsüblichen Modelle besitzen einen

mindestens zehn Zentimeter hohen Rand, der anfangs noch Probleme bereiten kann, aber entweder schneidet man mit dem Cuttermesser eine niedrige Einstiegsöffnung hinein oder besorgt sich flachere Kunststoffboxen im Baumarkt oder Einrichtungshaus.

Ab der vierten Lebenswoche können die Kätzchen das Ausscheiden von Kot und Urin bereits recht gut selbst kontrollieren, aber sie sind immer noch Babys, denen hin und wieder ein Malheur passiert. Von der Katzenmutter lernen in der Wohnung gehaltene Kätzchen jedoch schnell, wofür die Kiste mit dem knirschenden Zeug eigentlich da ist, selbst wenn es gelegentlich vorkommt, dass ein Kitten das Klo als Schlafplatz nutzt. Keine Angst, das ist ein klassischer „Anfängerfehler", der sich bald auswächst.

ANDERE TIERE KENNENLERNEN

Nun ist auch der richtige Zeitpunkt gekommen, um den Kätzchen andere Tierarten vorzustellen, mit denen sie ihr Heim vielleicht in Zukunft teilen werden. Der Kontakt mit einem an Katzen gewöhnten, freundlichen Hund sorgt dafür, dass die Kitten später Angehörigen dieser Spezies gelassen begegnen.

AN DIE TRANSPORTBOX GEWÖHNEN

Spielerisch eingeübt werden kann in dieser Phase auch schon die Gewöhnung an die Transportbox: Stellen Sie diese in das Kinderzimmer der Kätzchen und lotsen Sie einen interessierten Kandidaten (es dürfen auch ruhig zwei auf einmal sein) mit einem attraktiven Spielzeug hinein. Sobald das funktioniert, können Sie kurz die Tür schließen, die Box anheben und ein paar Schritte damit gehen. Setzen Sie den kleinen Passagier beziehungsweise die Passagiere aber anfangs schnell wieder ab, loben Sie überschwänglich und bieten dann noch eine Spielrunde an.

SPIELEN IN DER PRÄGEPHASE

Apropos Spielen: Die Beschäftigung mit Spielzeug ist ein wichtiger Aspekt der Prägephase. Geben Sie den Kätzchen die Möglichkeit, zwischen mehreren Angeboten auszuwählen, denn die Vorlieben für bestimmte Spielzeuge bilden sich jetzt schon aus. Spezielles Katzenspielzeug wie Federangeln, Federwedel, Schaumstoffbällchen, Plüschmäuse, aber auch einfache Dinge wie ein großer Sektflaschenkorken, ein zusammengeknülltes Papierbällchen, eine herrlich raschelnde Papiertüte ohne Henkel oder ein Rascheltunnel sorgen für ausgiebiges Spielvergnügen. Bitte denken Sie daran, Spielzeug mit Schnüren (Gefahr des Strangulierens, auch von Gliedmaßen) oder leicht abzuknabbernden Teilen nach dem Spiel stets katzensicher wegzuräumen, damit Ihre Kätzchen nicht unbeaufsichtigt damit spielen.

VORLIEBEN für bestimmte Spielzeuge lassen sich oft schon früh beobachten.

Info

EIGNUNGSTEST FÜR KITTENTAUGLICHE STREU

Kitten bis zum Alter von bis zwölf Wochen probieren gerne mal aus, ob sie nicht die Streu fressen können – und riskieren beim Verzehr größerer Mengen einen Magen- oder Darmverschluss. Auch können sie lebensgefährlich dehydrieren, da im Darm befindliche Tonstreu (Bentonitstreu) dem Körper Wasser entzieht. Deshalb ist sogenannte Klumpstreu für Katzenbabys ungeeignet. Um sich angesichts der Vielzahl der angebotenen Streusorten Gewissheit zu verschaffen, ob diese für die Katzenjungen ungefährlich sind, können Sie folgenden Test durchführen:

Schütten Sie etwa einen gestrichenen Esslöffel der zu testenden Streu in ein kleines Wasserglas (ca. 0,2 Liter). Anschließend füllen Sie das Glas zur Hälfte mit Leitungswasser auf und warten ab, bis die Mischung sich gesetzt hat. Nehmen Sie einen Teelöffel und heben Sie damit das Streusediment heraus. Verklumpt die Streu, ist sie ungeeignet für Kitten, die jünger als zwölf Wochen sind. An der Trübung des Wassers sehen Sie außerdem, wie viel Staub die Streu abscheidet. Meiden Sie extrem staubige Sorten. Bei einer guten, nicht klumpenden Streu sind auf dem Teelöffel die einzelnen Streukörner noch deutlich voneinander abgesetzt, und das Wasser ist nur mäßig trüb. Wählen Sie für Ihre Kätzchen am besten eine mittelfeine Streu (Größe der Körner bei etwa 0,6 bis 1 Zentimeter) ohne zusätzliche Duftstoffe. Damit die Mutter diese Streu ebenfalls annimmt und den Kätzchen die Verwendung des Katzenklos vorführt, sollte sie bereits an diese Streu gewöhnt sein. Das erreichen Sie, indem Sie die neue Sorte zu Beginn der Trächtigkeit unter die gewohnte Streu mischen und ihren Anteil von Woche zu Woche ein wenig erhöhen.

Falls ein Kätzchen gezielt immer wieder größere Streumengen frisst, stellen Sie es bitte umgehend Ihrem Tierarzt vor, da es unter Umständen ernsthaft erkrankt ist und Schmerzen hat.

Die achte bis zwölfte
LEBENSWOCHE

Leider werden immer noch viele Kätzchen im Alter von acht Wochen abgegeben, und in älteren Katzenbüchern kann man vielfach nachlesen, dass dies das ideale Alter sei, um die Kitten von der Mutter zu trennen, sei es um sie „richtig auf Menschen zu sozialisieren" oder einfach aufgrund der Tatsache, dass sie jetzt schon vorwiegend andere Nahrung als Muttermilch zu sich nehmen, Wasser trinken, das Katzenklo benutzen, sich putzen und auf den unwissenden Beobachter „selbstständig" wirken. Doch das Sozialverhalten von domestizierten Katzen wurde im Laufe der letzten 30 Jahre in verschiedenen Ländern erstmals gründlich untersucht, und die Verhaltensforscher kamen zu der Erkenntnis, dass sowohl die Mutter als auch die Geschwister bis zur zwölften Lebenswoche eine große Rolle für die artgerechte Entwicklung der Kätzchen spielen.

BIS ZUM ENDE DER ZWÖLFTEN LEBENSWOCHE sollten Kätzchen unbedingt bei ihrer Mutter bleiben.

ZEIT FÜR DEN SOZIALEN FEINSCHLIFF

In dieser Zeit entwöhnen die meisten Katzenmütter die Kleinen und setzen ihnen damit immer häufiger Grenzen, indem sie ihnen den Zugang zum Gesäuge verweigern. Die Kitten lernen so, Frust auszuhalten und ein „Nein" ihrer Mutter zu respektieren, dem diese mit Fauchen, Abwenden oder einem Nasenstüber Nachdruck verleiht. Insgesamt liegt der Schwerpunkt nun auf dem Erlernen eines differenzierten Sozialverhaltens – der angemessenen und artgemäßen Interaktion mit einem anderen Lebewesen.
Zwar spielen und raufen die Kätzchen bereits seit der vierten Lebenswoche lebhaft miteinander, aber nun treten andere Aspekte ihres Spiels in den Vordergrund: Es werden nicht nur instinktiv verankerte Bewegungsabläufe und Verhaltensweisen eingeübt (beispielsweise aus dem Bereich der Jagd, der Droh- und Kampfgebärden),

um die Körperkoordination zu schulen und die Muskeln zu trainieren. Vielmehr lernen die Kätzchen jetzt nachhaltig, welche Reaktionen ihre eigenen Handlungen bei Artgenossen, Menschen und anderen Tierarten im Haushalt hervorrufen.

VON OBEN kann man die Geschwister toll belauern und seinen Platz behaupten.

SPIELEN UND KRÄFTEMESSEN

Die Spiele der kleinen Katzen werden jetzt immer komplexer und beinhalten zunehmend Verhaltensweisen erwachsener Tiere. Immer häufiger geht es bei den kleinen Katzen ums Kräftemessen. Doch es zählt nicht nur, wer der Stärkere ist: Die Kätzchen verstehen auch immer besser, dass das schönste Spiel mit Bruder oder Schwester bald vorbei ist, wenn diese zu grob behandelt werden. Dann folgen Fauchen, Pfotenhiebe und Unmutsgeschrei, und der kleine Aggressor steht plötzlich alleine auf weiter Flur: Keiner spielt mehr mit ihm! Nur wer die Spielregeln einhält und die Grenzen der anderen respektiert, ist auch ein gerne gesehener Spielpartner. Darüber hinaus gehört auch der Rollentausch zum sozialen Spiel der Kleinen – der Jäger wird zum Gejagten und umgekehrt.

Auch „Burgen besetzen" ist ein beliebter Zeitvertreib. Bei diesem Spiel besetzt ein Tier eine erhöhte Position (beispielsweise die Plattform des Kratzbaums) und verteidigt diese gegen von unten auf diesen Platz drängende „Angreifer". Hierbei lernen die Kitten, dass nicht nur Körperkraft zählt, sondern auch Geschicklichkeit und strategisches Vorgehen.
Damit die Kätzchen die oben genannten, überaus wichtigen Lernprozesse durchlaufen können, sollte man ihnen mindestens bis zum Ende der zwölften Lebenswoche die Gesellschaft der Mutter und der Geschwister gönnen. Hierdurch werden sie auch als erwachsene Tiere souveräner mit ihresgleichen umgehen, weniger anfällig für Stress sein und entsprechend weniger zu Verhaltensauffälligkeiten neigen als Tiere, die zu früh von Mutter und Geschwistern getrennt wurden – ein kleines Zugeständnis für einen guten Start in ein glückliches Katzenleben.

FÜR RAUFSPIELE sind gesunde Kätzchen immer zu haben. Auch die Damen sind hierbei nicht zimperlich. Das Spiel mit Gleichaltrigen trägt zum Erlernen guten Sozialverhaltens bei.

Besonderheiten der
HANDAUFZUCHT

Immer wieder müssen Kätzchen aus den unterschiedlichsten Gründen ohne ihre leibliche Mutter oder eine sie annehmende Kätzin aufgezogen werden. Die Handaufzucht sehr junger Kitten ist für den menschlichen Betreuer – meist die Betreuerin – ein emotionales und auch körperlich anstrengendes Unterfangen. Katzenbabys, die sehr wenig oder gar kein Kolostrum zu sich nehmen konnten, haben keine guten Überlebenschancen: Viele von ihnen sterben innerhalb der kritischen ersten vier Lebenswochen. Hinzu kommen womöglich Krankheiten: Infektionen aufgrund schlechter Lebensumstände des Muttertiers oder ein zunächst verborgener angeborener Defekt, der die Mutter instinktiv veranlasste, diesen Welpen abzulehnen.

Vor diesem Hintergrund ist es mehr als verständlich, wie glücklich und stolz eine menschliche Ziehmutter ist, wenn „ihr" Baby trotz aller Widrigkeiten zu einer lebensfrohen und munteren Katze heranwächst. Die Bindung zwischen Mensch und Tier ist in diesem Fall besonders eng, was leider nicht nur von Vorteil ist. Hatte das von Hand aufgezogene Kätzchen in den ersten zwölf Lebenswochen keine Möglichkeit, längere Zeit mit Artgenossen zu verbringen, wird es sich später wahrscheinlich gegenüber anderen Katzen ängstlich, irritiert oder aggressiv verhalten. Es hat einfach die Katzensprache mit ihren vielen durch Körperhaltungen, Mimik und Lautäußerungen vermittelten Nuancen nicht gelernt. Missverständnisse sind vorprogrammiert und können zu echten

BEIM FÜTTERN muss das Bäuchlein unbedingt unten liegen, um die Gefahr des Verschluckens zu minimieren.

KÄTZCHEN unbekannter Herkunft sind oft von Flöhen, Ohrmilben und Würmern befallen.

Info

ERSTE HILFE FÜR VERWAISTE KITTEN

NOTFALL-ERSTVERSORGUNG Für die Notfall-Erstversorgung können Sie eine fünfprozentige Traubenzuckerlösung verabreichen, die Sie in der Apotheke bekommen. Einen ersten Milchersatz liefert dieses Rezept:

100 ml	Dosenmilch (Kondensmilch)
100 ml	abgekochtes Leitungswasser oder stilles Mineralwasser
120 g	Joghurt mit 3,5 Prozent Fettanteil
3 – 4	Eigelb

Die Zutaten klumpenfrei vermischen und auf 37 Grad Celsius erwärmt verfüttern.

ZUM FÜTTERN benötigen Sie eine kleine Plastikspritze, eine Pipette oder ein Fläschchen mit Gummisauger. Achten Sie unbedingt darauf, dass das Kätzchen nur in Bauchlage gefüttert wird und nicht zu viel Nahrung auf einmal aufnimmt, da es sich sonst verschlucken kann. In die Lunge geratene Nahrungsreste führen leicht zu einer lebensbedrohlichen Lungenentzündung.

MASSIEREN Nach der Nahrungsaufnahme massieren Sie bitte mit einem warmen, feuchten Tuch (am besten einem Frotteewaschlappen) den Bauch des Kittens, um die noch nicht ganz selbstständig arbeitende Verdauung anzuregen.

ZUM TIERARZT Auch wenn Ihr Kätzchen gefressen hat, stellen Sie es bitte sofort einem Tierarzt vor, der Ihnen mit Rat & Tat zur Seite steht und den Allgemeinzustand Ihres Schützlings beurteilt. Unterkühlte Kätzchen oder solche mit Fieber und Durchfall sind in akuter Lebensgefahr – hier zählt jede Minute!

Konflikten führen, sodass das Kätzchen nur alleine gehalten werden kann. Auch der Mensch, der für ein Kätzchen in die Mutterrolle geschlüpft ist, kann bei aller Liebe und Sorgfalt nicht die erzieherischen Maßnahmen einer Katzenmutter übernehmen, die immer wieder deutlich Grenzen setzt und ihr Kind maßregelt – auch in Situationen, wo sich die Gründe für menschliche Beobachter nicht immer erschließen. Daher werden aus den kleinen Zöglingen häufig despotische erwachsene Katzen, die entweder versuchen, ihre Bedürfnisse mit offensiver Aggression durchzusetzen oder ihre geringe Frustrationstoleranz durch andere auffällige Verhaltensweisen zeigen. Am glücklichsten sind die so aufgezogenen Kätzchen mit Sicherheit, wenn sie ihr weiteres Leben bei dem Menschen verbringen dürfen, der sie aufgezogen hat – in diesem besonderen Fall auch in Einzelhaltung.

FREUNDE
fürs Katzenleben

DAMIT EINER LANGEN, TIEFEN FREUNDSCHAFT
NICHTS IM WEGE STEHT, SOLLTEN SIE IHRE NEUEN
MITBEWOHNER MIT GRÖSSTER SORGFALT AUS-
WÄHLEN. WORAUF SIE BEI DER WAHL IHRER KÄTZ-
CHEN ACHTEN SOLLTEN UND WIE SIE MIT HERZ
UND VERSTAND RICHTIG ENTSCHEIDEN, ERFAHREN
SIE IN DIESEM KAPITEL.

DAS RICHTIGE
Kätzchen finden

Vielleicht haben Sie sich schon gefragt, warum ich im vorangegangenen Kapitel so ausführlich die Frühentwicklung von Katzenwelpen bis zur zwölften Lebenswoche beschrieben habe, obwohl Sie selbst doch gar keine Katzenbabys aufziehen oder züchten wollen, sondern einfach Katzenjungen ein gutes Zuhause geben möchten, um später nette, umgängliche Samtpfoten um sich zu haben, die ganz selbstverständlich in Ihre Lebensumstände sowie die Ihrer Familie hineingewachsen sind und Ihr Leben bereichern.

Ich hoffe jedoch, dass ich Sie mit diesen Informationen dafür sensibilisieren konnte, wie groß der mit der Aufzucht von Katzennachwuchs verbundene Aufwand ist und wie viel der menschliche Hüter einer Katzfamilie wissen sollte, um aus den kleinen Würmchen gesunde, souveräne und soziale Katzenkinder zu machen. Und nicht zuletzt sollen die in Kapitel 2 vermittelten Informationen Ihnen helfen, selbst kritisch zu beurteilen, ob die Kitten, die Sie gerne aufnehmen möchten, aus sachkundiger Aufzucht stammen.

IN DEN MEISTEN HAUSHALTEN leben Europäische Kurzhaarkatzen (Hauskatzen).

DIE HEILIGE BIRMA zählt zu den selteneren Katzenrassen.

HAUSKATZEN gibt es in vielen bezaubernden Fellfarben, wie dieses dreifarbige „Glückskätzchen". Dreifarbige Tiere sind genetisch bedingt stets weiblich.

DIE QUAL DER WAHL

Junge Katzen zu erwerben ist nicht schwer – im Gegenteil, es ist leider oft viel zu einfach, und manch ein verschenktes Kätzchen hat kein besonders schönes oder lang währendes Dasein vor sich, sei es aufgrund mangelnder Wertschätzung für das Leben eines Tieres oder aus unlauteren Gründen. Besonders in den Monaten Mai bis September werden haufenweise Kitten angeboten, und zwar von unterschiedlichsten Stellen – vom Bauern um die Ecke, in Foren und Kleinanzeigenbörsen im Internet, von Tierschutzorganisationen oder von der tierlieben Nachbarsfamilie, die einer hochträchtigen Katze Asyl gewährte und nun den Nachwuchs in gute Hände vermittelt.

FRAGEN ZUR AUSWAHL

Je genauer Ihre Vorstellung von Ihrem künftigen Kätzchen ist, desto sicherer werden Sie Ihre Wahl treffen können. Möchten Sie auf jeden Fall Rassekatzen aufnehmen, oder können Sie sich auch für die allgegenwärtige Europäische Kurzhaarkatze, unsere landläufige Hauskatze, begeistern? Möchten Sie temperamentvolle Feger, die mit Ihren Kindern mithalten können, oder wünschen Sie sich kuschelig-gemütliche Tiere, die nach einer Spielsession stundenlang auf dem Sofa relaxen und es auch sonst eher ruhig angehen lassen? Sollen die Katzen später Freigang erhalten oder haben Sie sich für eine ausschließliche Wohnungshaltung entschieden? Haben Sie die Zeit, Geduld und Lust, Langhaarkatzen täglich zu kämmen und bürsten, damit ihr Haarkleid stets sauber und gepflegt ist? Erst wenn diese Punkte geklärt sind, sollten Sie konkret mit der Suche nach Ihren Wunschkätzchen beginnen.

Eine selbstkritische, ehrliche Einschätzung Ihrer Lebensumstände ist wichtig, damit Sie mit Ihren künftigen feliden Hausgenossen auch wirklich glücklich werden: Wenn Sie sich beispielsweise in lebhafte Ocicat- oder Abessinierkitten verliebt haben, aber Ruhe und Beschaulichkeit sowie eine tadellose Couchgarnitur schätzen, werden Sie mit temperamentvollen Rassen wie Orientalen oder gar solchen mit Wildblutanteil (Savannah, Bengal) nicht glücklich. Dann darf es eher eine Perserkatze mit Nase, eine Britisch Kurzhaar oder eine Chartreux (Kartäuserkatze) werden. Grundsätzlich möchte ich in diesem Buch jedoch keine einzelnen Rasseporträts vorstellen, da zum einen, wie bereits gesagt, ständig neue Rassen entstehen. Zum anderen gibt es eine Vielzahl guter Literatur sowie informative Internetquellen zu den verschiedenen Katzenrassen, ihren speziellen Eigenschaften und Bedürfnissen, die Ihre Fragen wesentlich ausführlicher beantworten, als es mir im Rahmen dieses Buches möglich wäre. Literaturtipps finden Sie auf Seite 124.

KITTEN MIT STAMMBAUM

Die planmäßige Zucht von Katzen ist ein recht junges Gebiet, denn Katzen haben ihre Haustierwerdung gewissermaßen selbst „in die Pfoten" genommen, indem sie die Getreidespeicher der sesshaft gewordenen Menschen als Jagdreviere erwählten. Die nützlichen Jäger durften bleiben, aber eine systematische Zuchtauslese war nicht notwendig, denn am großen Mäuse- und Rattenfänger Katze gab es einfach nichts nachzubessern. Erst seit Beginn des 19. Jahrhunderts wurden in Europa einige Katzenrassen systematisch auf ein bestimmtes Aussehen und rassetypische Eigenschaften hin gezüchtet. Seitdem sind ständig neue Rassen hinzugekommen – ein Trend, der bis heute anhält. Katzenzüchter im In- und Ausland sind in einer unüberschaubaren Zahl von Verbänden und Vereinen organisiert, von denen einige, aber längst nicht alle, einer großen Dachorganisation wie der WCF (World Cat Federation), FIFe (Fédération Internationale Féline) oder TICA (The International Cat Association) angeschlossen sind.

AUSSTELLUNGEN

Wenn Sie nach einem guten Züchter Ausschau halten, bieten sich Besuche auf mehreren Katzenausstellungen an. Vor Ort können Sie Eindrücke sammeln, Antworten auf Ihre Fragen erhalten (von denen Ihnen einige vielleicht auch erst während des Besuchs einfallen) und im Laufe einiger Begegnungen überprüfen, ob Ihre Wunschrasse tatsächlich vom Charakter her Ihren Vorstellungen entspricht. Haben Sie bitte keine Hemmungen, sich mit den Ausstellern zu unterhalten. Gute Aussteller – meist sind diese selbst Züchter – werden Sie gerne informieren, da sie von „ihrer" Rasse begeistert sind und in der Regel großen Wert darauf legen, ihre Katzen an die richtigen Menschen abzugeben.

[a]

[b]

[a] DURCH GEEIGNETE KRATZBRETTER lernen schon die Kleinen, wo Kratzen erlaubt ist.

[b] FÜR KITTEN UNTER ACHT WOCHEN ist so ein kleiner, standfester Kratzbaum ideal. So werden Stürze aus größerer Höhe vermieden.

[c] ZWISCHENDURCH wird immer wieder Schutz bei der Mutter gesucht.

[d] SELBST DIE ZWERGE WISSEN SCHON, wie man einen Kratzbaum benutzt, auch wenn die Pfötchen den Stamm noch nicht ganz umfassen können.

[e] KLEINE KATZEN brauchen „kindgerechte" Katzenklos mit niedrigem Einstieg.

[c]

[d]

[e]

47

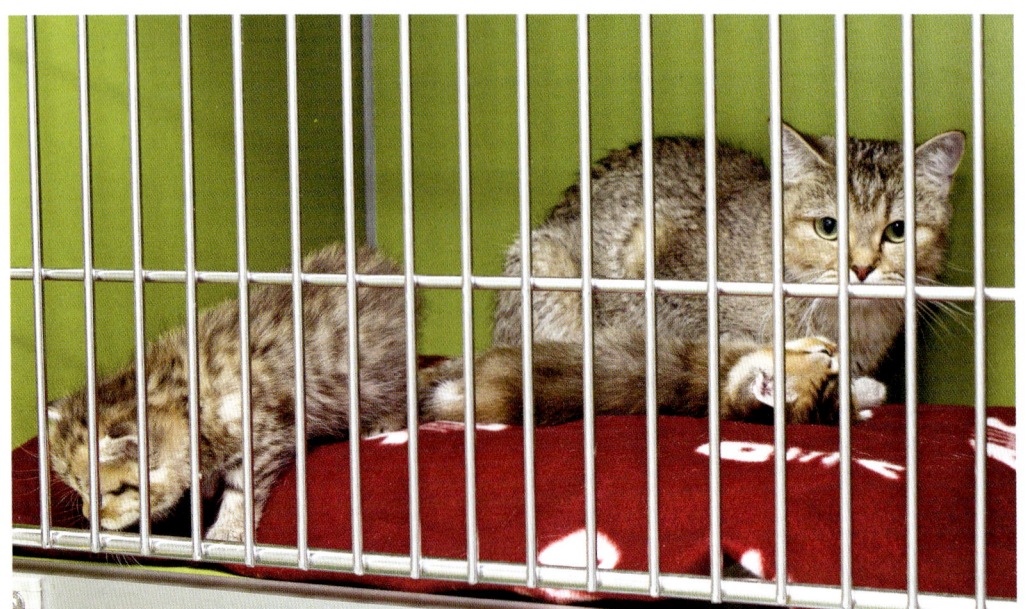

IN TIERHEIMEN warten auch viele Jungkatzen und Babys auf ein gutes Zuhause.

BESUCH BEIM ZÜCHTER

Wenn die Entscheidung für eine bestimmte Rasse gefallen ist, sollten Sie gute Kontakte zu Züchtern knüpfen, deren Tiere Ihnen grundsätzlich gefallen. Der nächste Schritt ist ein Besuch der Kinderstube, sobald die Kitten alt genug hierfür sind. Gewissenhafte Züchter haben nichts zu verbergen und werden Sie gerne zu sich einladen. So können Sie sich ein Bild vom Charakter des Muttertieres machen, und gelegentlich lebt auch der Deckkater im selben Haushalt. In der Regel dürfen Sie die Kitten ab der achten oder neunten Lebenswoche sehen und anfassen, wenn diese ihre ersten Schutzimpfungen hinter sich haben.

DER ZÜCHTERHAUSHALT

Vielleicht entspricht der Züchterhaushalt nicht in allen Aspekten der in Kapitel 2 beschriebenen „Musterkinderstube", aber das Wichtigste ist, dass die Kitten gesund sind, in einem liebevollen Umfeld mit den üblichen Eindrücken eines normalen Haushalts aufwachsen und voller Vertrauen auf Sie zugehen (je nach Stimmung der Kleinen werden Sie als Kuschelkissen, menschlicher Kletterbaum oder tolles neues Versteck herhalten) und Spielangebote mit Spielzeug annehmen, wenn sie gerade ihre aktive Phase haben. Wenn Sie Ihre Traumkätzchen gefunden haben und sich mit dem Züchter einig sind, wundern Sie sich bitte nicht darüber, dass Ihnen noch ein Gegenbesuch der „Katzeneltern" ins Haus steht, die das neue Heim ihrer Kätzchen ebenfalls näher kennenlernen möchten um sicherzustellen, dass ihre Babys ein gutes Zuhause bekommen. Eventuell müssen Sie auch vertraglich zusichern, die Tiere kastrieren zu lassen. Mit sogenannten Liebhabertieren soll nicht gezüchtet werden, und verständlicherweise möchte ein seriöser Züchter ausschließen, dass seine Kitten später von profitorientierten Vermehrern zur unkontrollierten Nachzucht missbraucht werden.

FINGER WEG VOM HANDELSGUT KATZE!

Womit wir bei einem dunklen Punkt der Heimtierbranche angekommen wären: Wo immer Menschen eine Chance wittern, schnelles Geld zu machen, werden leider auch Tiere vermehrt, die äußerlich einem gerade populären Rassestandard entsprechen. Immer häufiger werden auch Katzen Opfer dieser Profitgier, denn in Deutschland haben sie in der Beliebtheitsskala Hunde längst überholt – es gibt also hier einen lukrativen Markt, der Schwarze Schafe anzieht.

Wenn ein Anbieter von Kitten keine Besuche zulässt oder Sie unter Druck setzt, die Kleinen zu nehmen, weil „die sonst weg wären", sollten bei Ihnen die Alarmglocken läuten. Auch leisten sich Katzenvermehrer in der Regel keinen eigenen Internetauftritt. Falls doch, sollten Sie stutzig werden, wenn das in Deutschland vorgeschriebene Impressum fehlt oder unvollständig ist. Ganz suspekt sollten Ihnen „Rassekatzen abzugeben"-Inserate mit Handynummern in Kleinanzeigenrubriken sein, egal ob aus dem Internet oder der Lokalzeitung.

Oft bieten solche Inserenten im Telefonat großzügig an, die Kätzchen direkt zu Ihnen nach Hause zu bringen. Damit verfolgen sie aber nur das Ziel, anonym zu bleiben und zu verheimlichen, unter welchen Umständen die Kätzchen die so wichtigen ersten Lebenswochen verbrachten. Wenn Sie Pech haben, sind die Kleinen körperlich und psychisch krank, und Sie müssen viel Zeit, Geld und Nerven investieren, um ihnen zu helfen – mit ungewissem Ausgang.

KATZEN AUS DEM TIERSCHUTZ

Katzen von einer seriösen Tierschutzorganisation zu adoptieren, ist immer eine gute Idee. Es ist nämlich keinesfalls so, dass nur alte, kranke und verhaltensauffällige Tiere in die Obhut von Tierschützern gegeben werden. Häufig werden trächtige Katzen, unerwünschte Kitten oder Katzenmütter gemeinsam mit ihren Jungen ausgesetzt, als Fundtiere gebracht oder – im günstigsten Fall – von den Besitzern selbst abgegeben. Wenn die Kleinen früh genug in die Hände der Tierschützer kommen und die Mutter nicht vollkommen verwildert oder verstört ist, sind ihre Chancen gut, sich zu menschenfreundlichen, sozialen Kätzchen zu entwickeln. Erkundigen Sie sich ruhig nach der Vorgeschichte der Sie interessierenden Kätzchen. Soweit diese bekannt ist, wird das Tierheim oder die Pflegestelle der Tierschützer Ihnen gerne Auskunft geben.

Neben den Tierheimen des Deutschen Tierschutzbundes e. V. und des bmt (Bund gegen Missbrauch der Tiere e. V.) gibt es zahlreiche kommunale Tierheime sowie private Katzenschutz- und -hilfsorganisationen, deren Schützlinge auf ein gutes Zuhause warten. Auch in der Nähe Ihres Wohnortes gibt es mit Sicherheit mehrere solcher Einrichtungen, die Sie mit etwas Recherche ausfindig machen, und so steigen die Chancen, dass Sie Ihre Wunschkatzenkinder im Tierschutz finden.

Es spricht übrigens nichts dagegen, ein Rassekätzchen mit Hauskatzennachwuchs zu vergesellschaften.

Natürlich sollten Alter und Temperament der Kleinen zueinander passen. Was gesundheitliche Risiken betrifft, sollten Sie sich keine Sorgen machen. Krankheiten und Parasiten unterscheiden nämlich nicht zwischen Rassekatzen und „Feldwaldwiesenmischungen" aus dem Tierschutz. Es liegt immer in der Hand des Züchters beziehungsweise der betreuenden Personen, Sie ehrlich über vorangegangene gesundheitliche Beeinträchtigungen der Kitten zu informieren. Auf Seite 56 können Sie nachlesen, welche Gesundheitsfürsorge ein Kitten genossen haben sollte, bevor es in sein neues Zuhause ziehen darf. Lassen Sie sich also immer den Impfausweis der Kätzchen zeigen und scheuen Sie sich nicht, die behandelnde Tierarztpraxis zu kontaktieren, wenn etwas darin unklar ist.

WAS DARF EIN KITTEN KOSTEN?

Es heißt ja immer: „Über Geld spricht man nicht!" Im Zusammenhang mit dem Erwerb von Tieren halte ich das für einen großen Fehler, denn so haben viele Menschen weiterhin sehr unrealistische Vorstellungen davon, wie viel ein Rassekitten aus einer guten Zucht kosten kann, und es finden sich natürlich auch immer Menschen, die selbst eine gegen 80,00 EUR Schutzgebühr abzugebende Tierschutzkatze noch zu teuer finden.

EINE SIAMKATZENSCHÖNHEIT mit Tabby-Zeichnung (getigert).

VERANTWORTUNGSVOLLE AUFZUCHT IST TEUER

Nüchtern betrachtet ist eine gute, fachgerechte Katzenaufzucht, die eine begleitende Gesundheitsfürsorge und gegebenenfalls erforderliche medizinische Versorgung

der Katzenmutter und ihrer Welpen umfasst, alles andere als eine finanzielle Nullrunde. Natürlich gibt es zahllose Katzenwürfe, die ohne tierärztliche Betreuung mit herkömmlichem Dosenfutter aus dem Supermarkt prächtig gedeihen und gesund groß werden. Aber die Bekämpfung gängiger Parasiten, die unerlässlichen Schutzimpfungen und das Einsetzen eines Mikrochips kosten über die Erfüllung von Grundbedürfnissen hinaus Geld, und das nicht zu knapp. Wer also einen Blick auf die Gebührenordnung der Tierärzte wirft und diese Maßnahmen (siehe Seite 56) einrechnet, erkennt sehr schnell, dass eine junge Tierschutzkatze, für die zwischen 80,00 und 150,00 EUR verlangt wird, in Wirklichkeit noch nicht einmal für den Gegenwert ihrer bisherigen Versorgung abgegeben wird. In den meisten Fällen deckt ihr „Verkaufserlös" nicht annähernd die Ausgaben der Tierschützer. Gewissenhafte Züchter hingegen betreiben einen Mehraufwand, der vielen Interessenten zunächst gar nicht bewusst ist: Die Ausstellungsbesuche kosten ebenso Geld (Verbandsmitgliedschaften, Teilnahmegebühren, Reisekosten) wie die Dienste des sorgfältig ausgesuchten Deckkaters, der meist nicht demselben Haushalt angehört wie die Katzenmutter. Viele Züchter lassen die Elterntiere vor der Verpaarung auf Erbkrankheiten testen, für die einige Rassen – auch aufgrund des kleineren Genpools – anfälliger sind als Hauskatzen. Sogar die Kitten werden manchmal solch teuren, labortechnisch aufwendigen Gentests unterzogen. Standard ist die Abgabe des Katzen-

ÜBER GESCHMACK LÄSST SICH STREITEN. Züchterische Extremformen tun einer Katzenrasse selten gut, da der Genpool klein ist und Erbgutschäden begünstigt.

nachwuchses mit gültigem Impfpass und Mikrochipkennzeichnung, doch viele Züchter lassen zusätzlich ein tierärztliches Gesundheitszeugnis ausstellen und geben ihre Kätzchen nicht vor der 16. Lebenswoche ab. Dann sind aber auch sämtliche für eine Grundimmunisierung nötigen Impfungen erfolgt, und die neuen Halter können sicher sein, ein gesundes Tier aufzunehmen. Der Preis für solche Tiere muss nicht, kann aber durchaus im vierstelligen Bereich liegen. Jedenfalls wird kein seriöser Züchter seine Kitten für 150,00 oder 200,00 EUR verscherbeln.

CHARAKTERTEST
für Mini-Miezen

Der große Moment steht kurz bevor, aber Sie möchten sich noch ein genaueres Bild vom Charakter Ihrer künftigen vierbeinigen Mitbewohner machen! Dann können Sie folgende kleine Versuchsanordnung mit acht- bis zwölfwöchigen Katzenkindern nutzen, um etwas mehr Sicherheit über Präferenzen und Nervenkostüm der Kitten zu erhalten. Dieser Test stellt natürlich keine wissenschaftliche Versuchsanordnung dar, und sein Ergebnis hängt unter anderem von der Tagesform der kleinen Probanden ab, aber einige aufschlussreiche Beobachtungen werden Sie mit Sicherheit machen. Das gerade in einer Aktivitätsphase befindliche Katzenkind wird einzeln in einen kleinen, ausbruchsicheren Raum gesetzt, den es noch nicht kennt. Dieser wurde zuvor mit einem Unterschlupf, zum Beispiel einem Pappkarton mit Decke darin, ausgestattet. Dem Kätzchen wird des Weiteren in der Raummitte Spielzeug angeboten: ein kindersichereres Stofftier in seiner Größe sowie kleine Fellmäuse oder Schaumstoffbällchen. Sie als Tester haben sich mit einer Federangel „bewaffnet" und dürfen nach der ersten Hälfte des Tests gerne mit dem Kätzchen spielen. Natürlich müssen Sie das Kitten beobachten können – entweder von der anderen Seite einer Babytür aus oder für einige Minuten durch ein Fenster von draußen.

ANGSTHASE, DRAUFGÄNGER ODER DIE RUHE SELBST?

Lassen Sie das Kitten für acht bis zehn Minuten alleine in diesem Versuchsraum.

ÄNGSTLICHE GEMÜTER werden sich zunächst geduckt an der Wand entlang drücken und sich nach vorsichtiger Inspektion vielleicht in die Höhle zurückziehen. Falls es keine Anstalten macht, sich dort wieder herauszuwagen, können Sie gerne versuchen, das Tierchen behutsam zum Spiel mit der Federangel zu bewegen. Maunzt es herzzerreißend trotz menschlicher Ansprache oder bleibt ängstlich verborgen, wird es später viel Ansprache brauchen, um sich gut im neuen Zuhause einzuleben. Sie sollten ihm einen selbstbewussten, aber eher ruhigen und nicht dominant-rauflustigen Gefährten hinzugesellen, an dem es sich orientieren kann.

DIE MEISTEN KÄTZCHEN werden in den ersten zwei bis drei Testminuten vorsichtig sein, um sich dann allmählich in die Raummitte vorzuwagen und das Spielzeug zu untersuchen. Dass dies vorsichtig und mit gelegentlichem Rückzug geschieht, ist normal – Vorsicht ist schließlich eine lebenswichtige Tugend. Meist gehen die Kleinen recht systematisch vor und bepföteln die Objekte eine ganze Weile, bis sie ganz sicher sind, dass das fremde Ding sie nicht attackieren wird. Doch spätestens, wenn Sie sich als Spielpartner anbieten, wird das Kitten Mut fassen und sich auf Sie und das neue Spielzeug einlassen. Grundsätzlich sind diese Naturen eher überlegt – sie zeigen sich weder sonderlich ängstlich, noch treten sie zu forsch auf und lassen ihre Umgebung und die eigene Sicherheit außer Acht. Solche Kitten sind in der Regel anpassungsfähig und lassen sich auch mit extremeren Charakteren vergesellschaften.

KÄTZCHEN „FRECHDACHS" Nur wenige Kätzchen – selbst hervorragend sozialisierte – zeigen sich in einer fremden Umgebung von Anfang an vollkommen unbefangen. Aber es gibt sie, Frechdachse beiderlei Geschlechts, deren Neugier und Urvertrauen sie vollkommen unbefangen agieren lassen. Hoch erhobenen Schwanzes gehen sie auf Erkundungstour in der Überzeugung, dass die Welt ein einziger Abenteuerspielplatz ist. Die weiblichen Vertreter dieser Fraktion dominieren Katzengruppen oft souverän und zeigen deutlich, wenn ihnen etwas nicht passt. Die Kater balgen und raufen meist gerne mit ihresgleichen. Wenn Sie so einen Rabauken aufnehmen, wird er für seine Katzenkumpels vermutlich alle „Schwachstellen" Ihres Haushalts austesten: Wo kann man herauf- und hineinklettern, welche Dinge lassen sich aus nicht ganz geschlossenen Schubladen zerren und was eignet sich als Katzenspielzeug, auch wenn die Zweibeiner das ganz anders sehen? Falls Sie über Streiche lachen und Fünfe gerade sein lassen können, werden Sie viel Spaß an so einem Kätzchen haben. Nur sollten Sie für das Kitten keinen Artgenossen auswählen, der sich gegenüber seinesgleichen nicht durchsetzen kann – zartbesaitete Gemüter landen in so einer Konstellation sonst im Abseits.

DIESES KITTEN IST NOCH SKEPTISCH, aber nicht ängstlich, wie die normale Pupillenstellung zeigt.

CHARAKTERTEST

BASICS

[a]

[b]

[a] DAS „TESTZIMMER" mit einer Höhle als Rückzugsort sowie Spielzeug.

[b] DER KLEINE KANDIDAT schaut beim Absetzen noch etwas unentschlossen drein, ...

[c] ... doch es dauert nicht lange und der Ball wird genau untersucht.

[d] DAS EIS IST GEBROCHEN, die fremde Umgebung vergessen.

[c]

[d]

[e]

[f]

[e] DIESES AUFGESCHLOSSENE KITTEN lässt den Zweibeiner gern mitspielen ...

[f] ... und nimmt begeistert auch den Feder-wedel an.

[g] MITTEN IM RAUM ABGESETZT, ist dieses Kätzchen verunsichert ...

[h] ... und tritt sofort den Rückzug an. Die an-gelegten Ohren signalisieren: „Mir reicht's!"

[i] AUS DER SCHÜTZENDEN HÖHLE HERAUS wird das Spielzeug jedoch bepfötelt.

[g]

[h]

[i]

Der gesunde Einzug ins
NEUE ZUHAUSE

Folgende Impfungen und Gesundheitsuntersuchungen sind sinnvoll. Fragen Sie danach, bevor Ihr Kätzchen in sein neues Zuhause einzieht.

WURMKUREN GEGEN SPUL-, HAKEN- UND BANDWÜRMER

Ab der dritten Lebenswoche sollten nach Bedarf zwei- bis dreimal im Abstand von drei Wochen Wurmkuren durchgeführt werden. Wichtig: Bitte nur in Absprache mit dem Tierarzt entwurmen, und keinesfalls auf ein Mittel für Hunde zurückgreifen – es kann die Kitten das Leben kosten! Die Welpen aufgegriffener Katzenmütter sowie die von Freigängern sind natürlich stärker gefährdet, aber auch Wohnungskätzchen sollten in Absprache mit dem Tierarzt entwurmt werden, da Menschen Eier der Parasiten an den Schuhen von draußen einschleppen können. Selbst vereinzelte Flöhe sind potenzielle Überträger.

Impfplan

8./9. LEBENSWOCHE	Kombi-Impfung gegen Katzenschnupfen, Katzenseuche
10. LEBENSWOCHE	Impfung gegen Feline Leukämie (FeLV, Leukose)
12. LEBENSWOCHE	2. Kombi-Impfung gegen Katzenschnupfen, Katzenseuche
13. LEBENSWOCHE	2. Impfung gegen Feline Leukämie (FeLV, Leukose)
16. LEBENSWOCHE	Impfung gegen Tollwut*
20. LEBENSWOCHE	2. Impfung gegen Tollwut

*Die Wildtollwut gilt in Deutschland seit einigen Jahren als ausgerottet. Dies betrifft die Übertragung durch Füchse, doch Fledermäuse können immer noch infiziert sein. Die Ansteckungsgefahr ist relativ gering, aber falls Sie jemals mit Ihren Katzen ins Ausland reisen möchten, müssen diese ohnehin einen gültigen Tollwutimpfschutz besitzen. Für (künftige) Freigänger klären Sie bitte mit Ihrer Tierarztpraxis, ob diese eine Impfung für Ihre Region empfiehlt.

FREIGÄNGER Lassen Sie künftige Freigänger bitte unbedingt gegen Leukose impfen.

SCHUTZIMPFUNGEN

Zwischen der vierten und sechsten Lebenswoche ist das Immunsystem der Kätzchen äußerst anfällig gegen Erreger – ihre Abwehr weist die sogenannte immunologische Lücke auf. Allerdings sind die mütterlichen Antikörper noch vorhanden und die Kätzchen dürfen in dieser Zeit nicht geimpft werden, weil die verbliebenen Antikörper den Impfschutz schwächen oder seinen Aufbau ganz verhindern können. Der hier gezeigte Impfplan ist eine Richtlinie für gesunde Kätzchen. Wann geimpft wird, sollte stets nach einer sorgfältigen tierärztlichen Allgemeinuntersuchung entschieden werden, um kränkelnde Tiere nicht zu gefährden und eine optimale Grundimmunisierung zu gewährleisten.

TESTS

FELV-TEST

Schutzimpfungen gegen Feline Leukämie (Leukose) dürfen nur verabreicht werden, wenn die zu impfende Katze noch keinen Kontakt mit dem Virus hatte, der Leukosetest also negativ ausfällt. Anderenfalls wird das Immunsystem zu sehr geschwächt und der Ausbruch der Krankheit begünstigt. Wenn die Kätzchen zuverlässig nur in der Wohnung ohne Kontakt zu anderen Samtpfoten gehalten werden, kann auf die Leukoseimpfung verzichtet werden. Für Freigänger ist der Impfschutz ein absolutes Muss.

FIV-TEST

Der Test auf Feline Immundefizienz (Katzen-AIDS) sollte unbedingt bei Kätzchen mit unbekannter Vorgeschichte, Bauernhofkätzchen und solchen aus „schlechten Verhältnissen" (Vermehrer, Beschlagnahmung aus dem Haushalt krankhafter Tiersammler) durchgeführt werden. FIV wird in erster Linie durch Bisse übertragen, weshalb eher ältere männliche Tiere betroffen sind. Insofern sind Kitten zwar weniger stark gefährdet, aber vorbeugende Maßnahmen können nur ergriffen werden, wenn die Erkrankung bekannt ist: Vielen FIV-positiven Kitten ist ein relativ langes, erfülltes Katzenleben vergönnt, wenn sie – genau wie HIV-positive Menschen – vor anderen Infekten optimal geschützt werden. Keinesfalls müssen sie aufgrund der Diagnose eingeschläfert werden. Andere Schutzimpfungen für FIV-positive Kätzchen sollten sorgfältig vom Tierarzt abgewägt werden.

AKUT ERKRANKTE KÄTZCHEN haben – anders als das hier gezeigte – keine Energie zum Spielen.

Genauere Informationen zu den Krankheitsbildern katzentypischer Infektionskrankheiten finden Sie im Kapitel „Grundlagen für ein gesundes Katzenleben".

TESTS AUF ERBKRANKHEITEN

Erbkrankheiten sind Organdefekte sowie angeborene Neigungen, die im Laufe des Lebens bestimmte Krankheitsbilder ausbilden (genetische Dispositionen). Sie werden durch Veränderungen des Erbguts hervorgerufen. Da eine Zuchtauslese die Menge des verwendeten Erbguts einschränkt (Inzuchtgefahr), können sich in einem kleinen Genpool auch seltenere, rezessiv vererbte Leiden an den Tieren manifestieren. Ich möchte hier keine Katzenrasse diskreditieren und ausdrücklich darauf hinweisen, dass auch Hauskatzen von Erbkrankheiten betroffen sind. Wie sinnvoll ein Test oder eine Untersuchung (beispielsweise Herzultraschall) auf solche Krankheiten ist, klären Sie bitte mit dem Züchter und Ihrem Tierarzt. Hier möchte ich nur kurz zwei der bei Katzen häufigsten, sich leider dominant vererbenden Leiden vorstellen:

POLYZYSTISCHE NIERENERKRANKUNG (PKD)

In den Nieren betroffener Katzen bilden sich Zysten. Die Nieren vergrößern sich hierdurch im Laufe der Zeit und büßen allmählich ihre Funktionsfähigkeit ein. Die Krankheit kann bei schleichendem Verlauf jahrelang unentdeckt bleiben, doch bei manchen Tieren macht sich die eingeschränkte Nierenfunktion schon im Alter von zwei bis drei Jahren bemerkbar. Auch können die Zysten sich selbst bakteriell entzünden und so groß werden, dass die Nierenkapsel überdehnt wird. Beides verursacht starke Schmerzen. Den Symptomen der PKD wird man folglich mit einer Nierendiät, bei Entzündungen mit Antibiotika sowie Schmerzmitteln entgegenwirken. Heilbar ist sie – wie alle Zerstörungen von Nierengewebe – leider nicht.

HYPERTROPHE KARDIO-MYOPATHIE (HKM ODER HCM)

Diese häufige Herzkrankheit äußert sich in einer abnormen Verdickung der Herzwandmuskulatur. Die Aufnahmekapazität des Herzens nimmt ab, und das kranke

Herz pumpt stärker als ein gesundes, um die benötigte Blutmenge zu transportieren. Da das Blut den Körper mit Sauerstoff und Nährstoffen versorgt, fallen Haltern zunächst allgemeine Symptome wie Antriebslosigkeit und mangelnder Appetit auf. Im fortgeschrittenen Stadium sammelt sich infolge der schwachen Pumpleistung zu viel Blut im Lungengewebe, das wiederum Flüssigkeit in die Lungenflügel presst (Ödem). Die Katze ist schnell erschöpft, hechelt oder atmet rasselnd, legt sich so-fort hin und weist bläulich verfärbte Schleimhäute auf. In diesem Stadium helfen nur noch entwässernde Maßnahmen und Sauerstoffgaben, und die Prognose ist schlecht. Wird die Krankheit jedoch frühzeitig erkannt, lässt sie sich durchaus behandeln, sodass die betroffene Katze über Jahre hinweg eine gute Lebensqualität genießen kann. Stress ist für herzkranke Katzen Gift, weshalb ein harmonisches Umfeld für betroffene Tiere sehr wichtig ist!

Info

PERSONALAUSWEIS FÜR KATZEN: EU-HEIMTIERAUSWEIS UND MIKROCHIP

DER BLAUE AUSWEIS Seit 2004 ist innerhalb der Europäischen Union der einheitlich gestaltete blaue Heimtierausweis vorgeschrieben. Er macht den gelben Impfpass überflüssig, kann aber auch parallel zu diesem geführt werden. Miezen aus dem europäischen Ausland bringen ihn gewissermaßen automatisch mit, denn ohne ihn hätten sie nicht reisen dürfen.

Der gelbe Impfpass weist Ihre Katzen jedoch nicht automatisch eindeutig aus, weshalb Sie Ihre Samtpfoten unbedingt mit einem Mikrochip (Transponder) versehen lassen sollten.

DER MIKROCHIP wird in der Regel ohne Betäubung mittels einer hohlen Injektionsnadel in den linken Schulter-Nacken-Bereich implantiert. Anschließend werden Sitz und Funktion des Chips mit einem Scanner überprüft, der die einmalige, fünfzehnstellige Nummer des Tieres anzeigt. Diese wird in den Heimtierausweis bzw. Impfpass eingetragen. Jetzt haben Sie auch die Möglichkeit, Ihre Katzen bei TASSO e. V. oder dem Deutschen Haustierregister zu melden, die Ihnen helfen können, Ihre Katzen bei Verlust wiederzufinden.

Kitten werden nicht vor der achten Lebenswoche gechipt – vorher sind sie zu zart und klein für den Eingriff. Züchter geben ihre Kätzchen so gut wie nie ohne diese Identifikation ab, ansonsten können Sie sich mit dem Chippen etwas Zeit lassen. Halten Sie Ihre Katzen aber auf jeden Fall in der Wohnung oder im Haus, solange diese nicht gechipt sind. Viele Tierärzte implantieren den etwa reiskorngroßen Chip, wenn die Katze ohnehin zur Kastration narkotisiert ist. Anschließend sind gesunde Stubentiger perfekt gerüstet für den Freigang!

Die perfekte
KINDERSTUBE

JUNGE KATZEN SIND NEUGIERIG, QUIRLIG UND ÄUSSERST ERFINDERISCH, WENN ES UM DAS ERKUNDEN IHRES NEUEN HEIMS GEHT. MIT ETWAS UMSICHTIGER PLANUNG UND KREATIVITÄT WIRD IHR HEIM ZU EINEM SPANNENDEN UND SICHEREN KATZENPARADIES.

DAS SICHERE
Katzen-Zuhause

Das perfekte Jugendzimmer gibt es mit Sicherheit nicht, aber mit guter Planung und durchdachten Einkäufen können Sie Ihr Heim in ein attraktives Zuhause für Ihre heranwachsenden Katzenkinder verwandeln, auch ohne dass der Geldbeutel zu sehr leidet. Viele der hier gegebenen Ratschläge gelten auch für erwachsene Tiere, jedoch sollten Sie beim Thema „Sicherheit" bedenken, dass junge Katzen kleiner, schmaler und häufig auch wendiger sind als ausgewachsene Tiere. Ihre extreme Neugier, die sie alles Mögliche (und Unmögliche!) erforschen lässt, kann nicht nur ein Quell großer Belustigung, sondern auch großen Leids sein. Bevor Sie sich daran machen, die Grundausstattung für Ihre neuen Mitbewohner zu erwerben, suchen Sie bitte ganz in Ruhe Ihren Wohnraum aus Sicht neugieriger Katzenkinder auf potenzielle Gefahren hin ab und beseitigen Sie diese.

MÖBEL

Manch harmlos aussehendes Möbelstück, das Ihnen schon seit Jahren gute Dienste leistet, kann Ihren Kätzchen gefährlich werden. Das gilt besonders für Klappsofas und -betten, die über ausziehbare Kästen oder sonstige Hohlräume verfügen. Oft besitzen sie Lüftungsschlitze, durch die ein Kitten mühelos ins Innere gelangen kann. Wird der Klapp- oder Ausziehmechanismus bedient, kann das Tier schwer verletzt werden. Falls Sie die Einstiegsmöglichkeit nicht verschließen können, hängen Sie zumindest eine große Decke darüber, die Sie unter dem Möbelstück festklemmen. Vergewissern Sie sich aber selbst dann stets, wo Ihre Kätzchen sich gerade aufhalten, bevor Sie den Mechanismus betätigen.

ABSTÄNDE ZWISCHEN MÖBEL UND WAND

Ebenfalls tückisch sind größere Abstände zwischen Möbeln und Wänden, insbesondere massive Schränke und Schrankwände, die im Notfall nicht von einer Person alleine zur Seite geschoben oder demontiert werden können. Manche Kitten schaffen es, selbst in erstaunlich schmale Lücken zu rutschen und verkanten ihre Körper unglücklich, während sie auf dem Weg nach unten um Halt strampeln – Zerrungen, Quetschungen und im schlimmsten Fall Organschädigungen sind die Folge. Besorgen Sie sich passende Bretter und befestigen Sie diese mit Schrauben an der Deckenplatte des Schranks, um solche Fallen aus der Welt zu schaffen. Ist der Abstand zur Raumdecke gering, können am Schrank oder der Zimmerdecke fixierte Blenden verhindern, dass Ihre Katzen überhaupt erst dorthin gelangen.

SOLCHE VERMEINTLICHEN KUSCHELHÖHLEN sind schon vielen Kätzchen zum Verhängnis geworden.

FREISTEHENDE REGALE

Freistehende Regale, deren Schwerpunkt weit oben liegt, können umfallen und nicht nur Ihre Katzen, sondern auch Sie schwer verletzen. Montieren Sie daher eine Kippsicherung, beispielsweise einen kleinen Metallwinkel, um solche Regale zu sichern.

WASCHMASCHINEN UND TROCKNER

In Küche, Bad und Hauswirtschaftsräumen können vor allem offene Waschmaschinen und Trockner zu tödlichen Fallen werden. Wärme und kuschelige Wäsche sind für Katzen besonders einladend, daher kontrollieren Sie den Trommelinhalt bitte immer sorgfältig, bevor Sie die Geräte in Betrieb nehmen.

TOILETTE

Zu guter Letzt halten Sie bitte auch alle Klodeckel geschlossen – so manches

Kitten ist schon kopfüber in die Schüssel gefallen und ertrank jämmerlich, weil es sich an den glatten Wänden nicht hochziehen konnte.

ORDNUNG IST DAS HALBE LEBEN

Falls Sie Kinder haben, die mit dem Thema „Ordnung" noch hadern, haben Sie jetzt ein paar gute Argumente auf Ihrer Seite: Es gibt nämlich diverse Gegenstände in unseren Haushalten, die unseren kätzischen Mitbewohnern gefährlich werden können. Herumliegende Plastiktüten beispielsweise sind nicht nur für Menschen-, sondern auch für Katzenkinder als Spielzeug tabu: Es besteht Erstickungs- und Strangulationsgefahr! (Saubere, nicht kunststoffbeschichtete Papiertüten dagegen sind ein aufregender und geeigneter Zeitvertreib für die meisten Katzen – aber nur unter Aufsicht bitte und wenn die Henkel ab- oder durchgeschnitten sind.) Besonders gefährlich sind Kleinteile, die gerade junge Katzen oft hemmungsloser verschlucken als ältere Tiere: Spielzeug (teile) aus Plastik, aber auch Nippes aus Porzellan und Glas, Kunstblumen mit Draht- und Plastikkomponenten, Gummibänder, Büroklammern, Kosmetikzubehör wie Lidschattenapplikatoren und Wattestäbchen, der Inhalt von Schmuckschatullen oder Werkzeugkästen stellen nur einen Ausschnitt aus der langen Liste von Gegenständen dar, die Tierärzte bereits aus Katzenmägen und -därmen entfernen mussten. Hier hilft nur konsequentes Wegräumen und Verstauen in Behältern, die die Katzen garantiert nicht öffnen können.

Vorsicht, giftig!

ZIMMERPFLANZEN

Sie sind für viele Menschen ein unverzichtbarer Teil ihrer Einrichtung, und sie kommen oft gar nicht auf den Gedanken, dass so gängige Gewächse wie Weihnachtsstern oder Dieffenbachie hochgiftig für Katzen sind. Tatsächlich ist die Zahl der für unsere Stubentiger giftigen Pflanzen unüberschaubar, weshalb Sie Ihren Bestand sorgfältig prüfen sollten. Sofern Sie die Namen zuverlässig kennen, können Sie sich am leichtesten im Internet kundig machen. Auch manche Tierheime und Tierarztpraxen bieten Listen der bekanntesten giftigen Arten an. Zeigen Sie unbekannte Pflanzen oder Fotos davon einem Floristen oder Botaniker. Im Zweifelsfall suchen Sie für unidentifizierbare Gewächse lieber ein Heim ohne Haustiere.

LEBENSMITTEL

Selbst einige Lebensmittel sind für Katzen giftig, manche sogar tödlich. Glücklicherweise ist die Zahl der lebensbedrohlich giftigen Nahrungsmittel überschaubarer als die der Pflanzen:

LEBENSMITTEL	GIFTIGER WIRKSTOFF	SYMPTOME
Schokolade, Kakao, Kaffee	Theombromin, Koffein (das in Theobromin umgewandelt wird)	Herzrasen, Bluthochdruck, Krämpfe, Erbrechen bis hin zum Herzversagen
Speisezwiebeln, Knoblauch sowie andere Zwiebel- und Lauchgewächse	N-Propyldisulfid, Allylpropyldisulfid	Anämie (Zerstörung roter Blutkörperchen), Apathie, Verweigern von Futter und Wasser
Avocado (Kern, Fruchtfleisch und Schale)	Persin	Herzmuskelschädigung, alle daraus folgenden Symptome einer Herzerkrankung (Blut- und Flüssigkeitsstau in Herz und Lunge, Atemnot)
Rohes Schweinefleisch	Aujeszky-Virus	Plötzliche Verhaltensänderungen, Atemnot, starker Speichelfluss – alle Symptome einer Tollwut, weshalb die Aujeszkysche Krankheit auch „Pseudowut" genannt wird

Verhindern Sie bitte auch, dass Ihre Kätzchen rohe Kartoffeln, Weintrauben oder Rosinen, Steinobst (insbesondere die Steine selbst) und Nüsse verzehren. Diese Lebensmittel enthalten Alkaloide, die langwierige und schmerzhafte Vergiftungen verursachen können. Bis zum Ende des ersten Lebensjahres empfinden junge Katzen noch nicht das gleiche Sättigungsgefühl wie erwachsene Tiere und nehmen deshalb leicht mehr von einer gefährlichen Substanz auf als eine ältere Katze. Auch durch ihre geringere Blutmenge sind sie stärker gefährdet als eine ausgewachsene Katze.

Ruf der
FREIHEIT

EIN KATZENNETZ verhindert, dass neugierige Katzen vom Balkon in die Tiefe stürzen oder springen.

BALKONE UND FENSTER

Balkone sind grundsätzlich Katzenparadiese – aber nur, wenn sie mit einem stabilen Katzennetz oder Drahtgeflecht gesichert wurden. Sonst machen sich Ihre abenteuerlustigen Samtpfoten vermutlich schnell aus dem Staub und erklimmen – je nach Wohnlage – auch gefährlich hohe Dächer oder Nachbarbalkone. Das Gleiche gilt für ungesicherte Fenster. Es besteht Ausbruch- und Absturzgefahr! Selbst die vorsichtigste Katze kann sich vergessen, wenn ein Vogel oder Eichhörnchen in der Nähe herumturnt. Dass die Katze sich in der Luft dreht und versuchen wird, auf den Füßen zu landen, hilft ihr unter Umständen wenig: Selbst bei einer „perfekten" Landung aus großer Höhe und/oder auf hartem Boden erleidet sie Knochenbrüche und möglicherweise innere Verletzungen, da der Aufprall zu heftig ist, sprich mit zu hoher Geschwindigkeit erfolgt, als dass der Körper ihm standhalten könnte. Oft erliegt das Tier seinen schweren Kopfverletzungen oder bricht sich das Genick. Überlebt die Katze den Sturz, rennt sie höchstwahrscheinlich im Schock davon und verkriecht sich aufgrund ihrer Schmerzen. Dann wird es sehr schwer, sie noch rechtzeitig beziehungsweise überhaupt wiederzufinden.

DIESE MIEZE IST IN SICHERHEIT: Ein Gittereinsatz versperrt den gefährlichen Fensterspalt.

DIE KIPPFENSTERKATZE

Hinter diesem drollig klingenden Wort verbirgt sich eine der schlimmsten Diagnosen, die Tierärzte leider nur allzu oft stellen müssen: Hunderte von Katzen sterben jährlich in Deutschland qualvoll in der Spalte zwischen einem angekippten Fenster und dessen Rahmen. Bitte glauben Sie nicht, dass zarte Kitten unbeschadet durch so einen Spalt schlüpfen können, sondern sichern Sie Ihre Fenster unbedingt. Im Bestreben, nach draußen zu gelangen oder von draußen zurück ins Haus zu kommen, bleiben sie genau dort hängen, wo der schützende Rippenkasten aufhört. Panisch zappelnd rutschen sie immer stärker in den Winkel, und so werden Niere, Blase, Därme und Bauch-

gefäße schwer gequetscht oder reißen sogar. Je länger die Katze in dieser Falle bleibt, umso größer ist die Wahrscheinlichkeit, dass sich ein Blutgerinnsel im Bauchraum bildet, welches zur Lähmung der Hinterhand und der Ausscheidungsorgane führt. Rückenmark und Nerven werden ebenfalls geschädigt. Ohne Hilfe kann die Katze innerhalb von Stunden qualvoll verenden.

Zoofachhandel und Baumärkte bieten gute und bewährte Lösungen für unterschiedliche Kippfenstertypen an. Ein Blick in Internetforen für Katzenfreunde lohnt sich ebenfalls: Gleichgesinnte stellen dort oft individuelle Lösungen mit hilfreichen Fotos ein und beraten andere Katzenhalter auf eine höfliche Anfrage hin meist gerne.

Grundausstattung für
JUNGE KATZEN

Checkliste

ZUR NOTWENDIGEN GRUNDAUSSTATTUNG FÜR
IHRE KATZENKINDER GEHÖREN:

Je zwei Futternäpfe pro Katze (zum Wechseln)

Ein bis zwei standfeste Wassergefäße oder
Trinkbrunnen

Mindestens zwei, besser drei Katzentoiletten
für zwei Kätzchen

Katzenstreu (siehe Seite 36 und 72)

Ein Transporter pro Katze

Mindestens ein deckenhoher Kratzbaum,
besser zwei

Mindestens zwei zusätzliche Kratzangebote, z. B. ein vertikales und ein horizontales
Kratzbrett

Diverse Liegedecken und -kissen

Spielzeug (siehe Seite 80 ff.)

Nach den ernsten Themen kommt jetzt der Teil, der den meisten Katzenhaltern viel Spaß bereitet – der Großeinkauf für die vierbeinigen Lieben. Die Heimtier-branche hält ein so reichhaltiges Angebot bereit, dass man leicht der Versuchung erliegt, etliche entzückende und Nutzen versprechende Dinge von solchen Ein-kaufstouren mit nach Hause zu bringen – ich spreche hier aus langjähriger, teuer bezahlter Erfahrung! Wer seinen Einkauf jedoch gut informiert antritt, kann über-flüssige Fehlkäufe vermeiden und mehr Geld in hochwertige Ausführungen wirk-lich wesentlicher Dinge für die Katzen investieren.

ESSEN & TRINKEN MIT STIL

DAS RICHTIGE GESCHIRR

Auch Katzen legen Wert auf das richtige Geschirr! Stand- und kratzfest sollten die Behälter sein und auch mal eine Grund-reinigung mit fast kochendem Wasser problemlos vertragen. Am hygienischsten sind Futter- und Wasserschalen aus Glas, Porzellan oder Edelstahl. Es muss aber nicht das Designerschälchen für einen zweistelligen Eurobetrag sein – den Kätz-chen ist es vollkommen egal.

Robuste Dessertschalen aus Glas, wie sie für Kantinen angeboten werden, tun es ebenso. Achten Sie auf eine Randhöhe von etwa drei Zentimetern. Ist der Rand zu niedrig, gibt es gerne mal eine Sauerei außerhalb der Schale. Ist er zu hoch, können am Rand hängende Futterreste sich auf das Katzenkinn setzen und die Entstehung von Kinnakne begünstigen. Zu leichte Schalen werden unweigerlich in der Gegend umhergeschoben.

TRINKBRUNNEN

Sehr sinnvolle Trinkgefäße sind Katzentrinkbrunnen aus Keramik, denn viele Miezen trinken lieber fließendes als stehendes Wasser. Selbst wenn Sie den Eindruck haben, dass Ihre Kätzchen mehr mit dem Wasser spielen als trinken, nehmen sie mit Sicherheit mehr Flüssigkeit auf als aus einer Schale. Am besten bieten Sie beide Varianten an. Bitte stel-

DIE MEISTEN KATZEN trinken gerne fließendes Wasser aus dem Trinkbrunnen.

len Sie das Wasser immer in zwei bis drei Metern Abstand zu den Futterplätzen oder in einem anderen Raum auf. Das ist nicht nur hygienischer, sondern artgerechter: Verhaltensforscher vermuten, dass Katzen ihre Beute nicht in Wassernähe verzehren, um das lebenswichtige Nass vor Verschmutzung zu schützen.

BIETEN SIE ALTERNATIV auch stets frisches Trinkwasser aus einer Schale an.

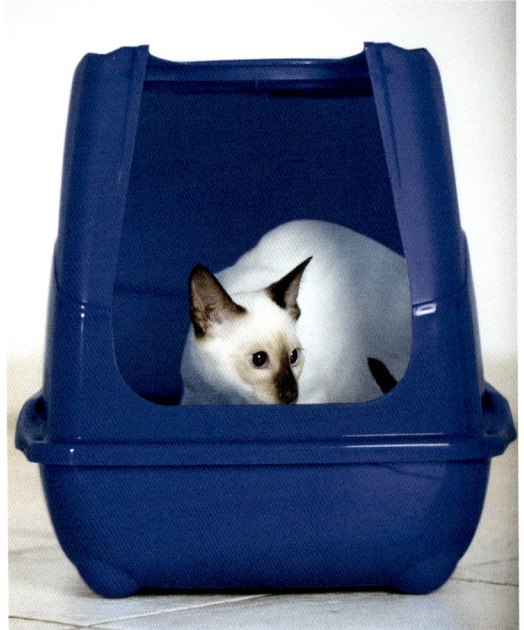

WENN ES EIN HAUBENKLO SEIN MUSS, sollte es groß und offen sein, um akzeptiert zu werden.

KATZENKLO & STREU – EINE GLAUBENSFRAGE

Die Wahl des richtigen Katzenklos sowie der Einstreu wird immer wieder heiß diskutiert, denn Urin und Kot außerhalb der Katzentoilette sind aus nachvollziehbaren Gründen ein Albtraum für jeden Katzenhalter. Zur Ehrenrettung unserer Stubentiger sei gesagt, dass die überwältigende Mehrheit von ihnen brav die Gegebenheiten akzeptiert, selbst wenn sie aus Katzensicht nicht optimal sind. Aber indem Sie Ihren Kätzchen von Anfang an ideale Verhältnisse bieten, können Sie viel Kummer vermeiden – und zwar nicht nur auf menschlicher Seite: Katzen verrichten ihr Geschäft niemals außerhalb des Klos, um Sie zu ärgern! Bitte bestrafen Sie Ihre Kätzchen niemals für „Klounfälle", denn sie haben ernst zu nehmende Gründe hierfür und leiden selbst. Bieten Sie min-

destens ein Klo pro Katze an und wenn es geht, stets eines mehr als Katzen im Haushalt leben. Falls das nicht möglich ist, achten Sie bitte ganz besonders darauf, zwei- bis dreimal täglich Kot und Urin zu entfernen.

HAUBE, HITECH ODER HERKÖMMLICHE KISTE?
Kittenklos mit niedrigem Einstieg sind in der Regel einfache, offene Kistchen, die ihren Zweck wunderbar erfüllen. Doch für Katzen ab dem vierten Lebensmonat (und deren naturgemäß größere Hinterlassenschaften) hat der Markt für Heimtierbedarf eine unglaubliche Auswahl von Katzentoiletten entwickelt, von Haubenklos mit und ohne Klappe über solche für Zimmerecken oder besonders große Katzen. Auch gibt es Hitechklos mit Selbstreinigungsmechanismen oder Reinigungshilfen in Form von Einlagen, Filtern und Schiebern. Daneben halten sich immer noch rechteckige Plastikwannen mit oder ohne abnehmbarem Rand auf dem Markt, und das ist gut so! Mit vielen Modellen, die der Mensch als praktisch empfindet, tun die kätzischen Benutzer sich nämlich schwer: Haubenklos, womöglich noch mit einer Schwingtür, halten Fäkaliengerüche im Innenraum, wo sie dem Tier signalisieren, es müsse noch angestrengter scharren, um sein Geschäft sorgsamer zu vergraben. Viele Katzenhalter interpretieren dies leider fälschlich als Zeichen hoher Akzeptanz des Klos. Auch die Schwingtür selbst, Standard bei fast allen Haubenklos, ist vielen Katzen suspekt. Dreieinhalb Wände verhindern ohnehin schon, dass das Tier potenzielle oder

DIE FEINE STREU lädt zum sorgfältigen Bedecken des „Geschäfts" ein. Die meisten Katzen scharren am liebsten in feinkörniger, sandartiger Streu ohne chemische Duftzusätze.

vermeintliche Feinde sehen kann. Die Schwingtür riegelt das Klo endgültig ab, und manch eine Katze hat sich bei ihrer panischen Flucht aus der Toilette schmerzhaft den Schwanz oder eine Pfote in der Tür eingeklemmt.

STALKING AUF LEISEN PFOTEN...

„Klo-Stalking" ist leider ein beliebter Katzensport: Viele Tiere lauern einem Artgenossen gerne mal auf dem Toilettendach oder vor der Öffnung des Haubenklos auf – sei es aus Übermut, Langeweile oder um die situationsbedingte Überlegenheit auszunutzen und das andere Tier zu dominieren. Die überfallene Katze findet es alles andere als witzig, mit „heruntergelassenen Hosen" erwischt zu werden oder gar im stinkenden Klo gefangen zu sein. Solche aus Katzensicht gefährlichen Klos werden nach „Überfällen" häufig abgelehnt.

DIE IDEALE LÖSUNG

Am katzenfreundlichsten sind geräumige, offene Behälter, in denen die Miezen sich bequem drehen und scharren können, ohne anzustoßen. Wenn Sie diese von drei Seiten zugänglich aufstellen (also maximal mit einer Seite an der Zimmerwand), verhindern Sie, dass ein sich gerade lösendes Tier in die Enge getrieben werden kann. Im Idealfall verteilen Sie die Klos auf verschiedene Räume. Sollten Ihre Katzenkinder sich als extreme Buddler und Streuweitwerfer erweisen, probieren Sie ruhig eine Haubenklovariante aus, bei der Sie das Dach mit einem scharfen Cuttermesser entfernen. Alternativ können Sie ein Modell mit herausnehmbarem Tür- und Dacheinsatz wählen. Viele Katzen arrangieren sich problemlos mit so einem Kompromiss, und Ihre Kätzchen haben die besten Voraussetzungen, um vorbildlich stubenrein zu bleiben.

FÜR DIESE KATZE ist das Kitten-Klo bereits zu klein. Platz ist wichtig, damit das Klo gern genutzt wird.

STREU

Die Wahl der richtigen Streu spielt ebenfalls eine große Rolle. Erkundigen Sie sich, mit welcher Streu Ihre Kitten bereits vertraut sind und bieten Sie diese in den ersten zwei bis drei Wochen weiterhin an. Möchten Sie die Sorte wechseln, mischen Sie im Laufe von weiteren zwei bis drei Wochen die neue Einstreu unter, bis sich nur noch die neue Sorte in den Klos befindet. Die meisten Katzen bevorzugen feine, sandartige Streu, die ruhig 7 bis 8 cm hoch den Toilettenboden bedecken sollte. Ob Sie jedoch klumpende oder nichtklumpende Streu wählen, ist eher eine Frage Ihrer Präferenz – Hauptsache, die Katzen-WCs werden gewissenhaft sauber gehalten. Der Umwelt zuliebe sollten Sie auch Streusorten aus pflanzlichen Produkten ausprobieren, die in den letzten Jahren kontinuierlich weiterentwickelt wurden.

DUFTZUSÄTZE UND REINIGER

Meiden Sie unbedingt Streusorten mit Duftzusätzen, denn Babypuder-, Frühlingsfrische- oder gar Zitrusdüfte mögen Katzennasen überhaupt nicht! Im schlimmsten Fall werden Ihre Katzen unsauber oder quittieren den störenden Geruch mit übermäßigem Scharren.

WICHTIG Zu gründliches Putzen mit einem duftenden Reiniger kann dieselbe unerwünschte Wirkung haben. Am besten verwenden Sie einen Enzymreiniger ohne Duftzusätze, mit dem Sie alle zwei Wochen die Klos einmal gründlich auswaschen. Ein gutes Kunststoffklo verträgt auch sehr heißes Wasser und zerkratzt nicht so schnell. Stark zerkratzte Klos sollten Sie jedoch aus hygienischen Gründen von Zeit zu Zeit durch neue ersetzen, da sich Bakterien in den Rillen einnisten können.

UNERLÄSSLICH: DER TRANSPORTER

Viele Kitten beziehen ihr neues Zuhause in einem vom Züchter, dem Tierschutz oder von Bekannten geliehenen Transporter, und nicht wenige Halter besitzen nur eine Transportbox für ihre Katzen, obwohl sie zwei oder mehrere Tiere haben.

Es muss nicht gleich ein so schlimmes Ereignis wie ein Wohnungsbrand sein, das Sie zwingt, beide Katzen gleichzeitig zu evakuieren. Auch bei manchen Erkrankungen müssen beide Kätzchen dem Tierarzt vorgestellt werden, und ein Transport im selben Behältnis ist absolut tabu – egal, wie lieb die zwei sich sonst haben. Damit kann während oder nach einer Autofahrt plus Tierarztstress schnell Schluss sein, und womöglich ist das gute Verhältnis zwischen den Katzen anschließend dauerhaft zerrüttet.

DIE IDEALE TRANSPORTBOX

Ein guter Katzentransporter sollte so groß sein, dass Sie später das ausgewachsene Tier bequem von oben mit beiden Händen um den Rumpf fassen können, um es hinein- oder herauszuheben. Sie sollten folglich nach einem Modell Ausschau halten, das nicht nur vorne eine Tür besitzt, sondern sich auch von oben so weit öffnen lässt, dass die Katze bequem (!) hindurchpasst. Zwar sollten Ihre jungen Katzen lernen, freiwillig die Transportbox zu besteigen, und auch beim Tierarzt sollten Sie ihnen Zeit geben, von sich aus herauszukommen. Wenn es schnell gehen muss, ist das jedoch alles blanke Theorie.

Sparen Sie hier bitte nicht am falschen Ende, sondern wählen Sie ein solides, gut zu reinigendes Modell aus Kunststoff mit Metallgittern. Prüfen Sie sorgfältig, wie zuverlässig und leicht die Verschlüsse zu verriegeln sind. Manche Katzen-Houdinis schaffen es tatsächlich, leichtgängige Verschlüsse aufzupföteln – und probieren es immer wieder, wenn sie einmal damit Erfolg hatten! Nützlich sind auch solide befestigte Traggriffe und Führungen zum Befestigen von Anschnallgurten. Mit vertrauten, leicht zu reinigenden Decken oder einem Kissen ausgestattet sind die Transportboxen einsatzbereit.

GRUNDSÄTZLICH lassen Katzen sich leichter von oben in die Transportbox setzen.

IM WOHNBEREICH AUFGESTELLT, wird die Box bald zum vertrauten Liegeplatz.

SCHON DIE GANZ KLEINEN wissen einen guten Kratzbaum zu schätzen.

KRATZBAUM & CO.

Betritt man einen Katzenhaushalt, gewinnt man häufig den Eindruck, dass selbst passionierte Katzenhalter mit dem Thema „Kratzbaum" auf Kriegsfuß stehen. Meist steht ein plüschiges Monstrum verschämt in der Zimmerecke und trägt durch die eigenwillige Farbgebung des Bezugs nicht gerade zur Aufwertung des Wohnambientes bei. Kurze Stämmchen verbinden eine Vielzahl mehr oder weni-

ger sinnvoll angeordneter Höhlen und Mulden, und manchmal baumelt Spielzeug herab, das von vielen Katzen nicht oder selten genutzt wird. Während zerrupfte Stämme belegen, dass das hiesige Katzenvolk den Sinn des Möbels durchaus erkannt hat, erschließt sich ihnen der Rest oft nicht ohne Weiteres, denn viele Kratzbäume entsprechen leider nicht ihren Bedürfnissen.

WARUM KATZEN WIRKLICH KRATZEN

Katzen streben nach Höherem: Ein langer durchgehender Stamm, an dem sie ungebremst nach oben preschen können, ist wesentlich artgerechter als viele kleine Elemente mit kurzen Stämmen dazwischen, die kein ausgiebiges Recken und Kratzen mit voll durchgestrecktem Rumpf erlauben. Das oft zitierte Krallenschärfen ist nicht der Hauptgrund für die Nutzung von Kratzmöbeln: Die Samtpfoten halten ihre Körper durch das Dehnen geschmeidig und reagieren beim Kratzen und Festkrallen außerdem innere Spannungen ab. Ein weiterer, sehr wichtiger Aspekt ist die mit diesem Verhalten verknüpfte demonstrative Selbstdarstellung der Katze sowie das Setzen von sichtbaren Kratzspuren und Duftmarken.

DER RICHTIGE KRATZBAUM

STAMMLÄNGE
Schauen Sie sich bitte im Fachhandel nach standfesten, möglichst hohen Modellen um, deren unterster Stamm mindestens einen Meter misst, bevor ein Liege- oder Sitzelement folgt.

[a]

[b]

[a] SITZFLÄCHEN AUS VELOURS verhindern, dass die Krallen festhaken.

[b] LANGE STÄMME zum behaglichen Recken helfen dem Kätzchen, seine Muskeln zu stärken.

[c] DAS KRATZEN dient auch der Selbstdarstellung: „Hallo, guckst du mir auch zu?"

[d] HOCH GELEGENE HÄNGEMATTENPLÄTZE sind heiß begehrt – von hier aus haben die kleinen Kletterer alles im Blick.

[e] NOCH WIRKT DER SISALSTAMM sehr mächtig im Verhältnis zum Kitten, aber in ein paar Wochen sieht die Welt schon ganz anders aus!

[c]

[d]

[e]

MONTAGE

Die Montage über einen Deckenspanner oder eine stabile Wandhalterung ist ebenfalls wichtig, denn ein wackeliger oder gar kippender Kratzbaum ist gefährlich für Mensch und Tier.

LIEGEFLÄCHEN

Ideal sind höhere Liegeflächen auf dem Baum selbst oder in unmittelbarer Reichweite, damit Ihre Miezen bei Bedarf zuverlässige Rückzugsorte haben, an denen sie sich eine Auszeit von menschlichen Mitbewohnern, deren Besuch und anderen Haustieren nehmen können.

CATWALKS UND RUHEZONEN

Regal- und Schrankdecken lassen sich oft mit geringem Aufwand in zusätzliche „Catwalks" und Ruhezonen verwandeln, wenn Sie diese rutschfest mit Teppichresten bedecken. Bitte verwenden Sie ausschließlich Velours, denn die Katzen können sich sehr schmerzhaft verletzen, wenn ihre Krallen hängen bleiben!

BEZÜGE

Das Gleiche gilt für die Bezüge von Kratzbaumelementen: Plüsch ist keine gute Lösung, denn die Unterseite ist ein elastisches Gewirk, in dem die Krallen leicht festhaken. Immer wieder bleiben Katzen beim Absprung darin hängen und überschlagen sich. Zerrungen oder ausgerenkte Gliedmaßen sind die Folge; das Vertrauen zum Kratzbaum ist dahin. Das Bezugsmaterial sollte daher aus Veloursteppich bestehen oder zumindest an allen Stellen fest mit der Unterlage verklebt sein, um die Unfallgefahr zu minimieren.

KÖRBE sind wunderbare Schlaf- und ...

SEHEN UND GESEHEN WERDEN!

DER STANDORT IST WICHTIG

Damit Ihre Katzenkinder den Kratzbaum ausgiebig nutzen, ist auch die Wahl des richtigen Standorts von großer Bedeutung. Dabei müssen Sie wirklich nur ein Motto beherzigen: Sehen und gesehen werden! Der tollste Kratzbaum ist uninteressant, wenn er in ein kaum genutztes Gästezimmer, hinter eine Zimmertür oder in einen Hauswirtschaftsraum verbannt wird. Das Wohnzimmer ist in der Regel der ideale Ort für den „Katzentempel", und ein Fensterplatz darf es auch gerne sein, denn andere Tiere, Fußgänger und vorbeifahrende Autos werden gerne beobachtet. Ihre Anwesenheit als Bewunderer des ruhenden oder tobenden Katzenvolks ist ebenfalls gefragt!

... Kuschelhöhlen, aber für den Transport ungeeignet. Zu leicht können die Tiere sich aus ihnen befreien.

ZUSÄTZLICHE KRATZFLÄCHEN

Nicht alle Katzen kratzen am liebsten an vertikalen Flächen. Manche ziehen horizontale Kratzflächen vor, doch viele handelsübliche Bretter oder Kratzwellen sind zu klein und nicht rutschfest. Am besten widmen Sie eine halbrunde Säule für die Wandmontage in eine horizontale Kratzfläche um, indem Sie Gummifüße darunter setzen. Falls Ihr Katzennachwuchs keinen Geschmack am Kratzen zu ebener Erde findet, können Sie die Füßchen problemlos wieder abnehmen und die Säule immer noch senkrecht montieren. Ideale Plätze zur Anbringung senkrechter Kratzangebote sind Wände neben Türrahmen, die in wichtige Räume führen. Aus Katzensicht sind dies meist Durchgänge zur Küche, zum Wohnzimmer und ganz besonders der Wohnungs- oder Haustürbereich.

KATZENBETT IST, WAS GEFÄLLT

Unsere Stubentiger schlafen sehr viel, wobei sich die von ihnen bevorzugten Schlafplätze von Zeit zu Zeit ändern – oft ganz spontan und ohne für uns ersichtlichen Grund. Hierbei schrecken die Kätchen nicht davor zurück, sich in unmöglich enge Kisten oder unbequem anmutende Winkel zu quetschen oder ausgerechnet ein hartes, mit staubigen Büchern vollgestopftes Regalbrett als Lieblingsschlafplatz zu wählen. Auch teure Designer-Katzenbettchen verstauben in diversen Katzenhaushalten zugunsten halb zerfledderter Pappkartons, deren Anwesenheit zähneknirschend geduldet wird, weil Minka sie so sehr liebt. Dass Katzen ihren eigenen Kopf haben, ist ja nichts Neues ...

WAS IST NOTWENDIG?

Ist es also sinnvoll, viel Geld für Katzenbettchen und Schlafkörbe auszugeben? Notwendig sind sie nicht, solange die Tiere genug Schlafplätze auf Sesseln, Sofas, in Regalecken oder auf dem Bett vorfinden. Wer seine Möbel vor Katzenhaaren schützen möchte, sollte sich ein paar Decken gönnen, die auch eine gelegentliche Maschinenwäsche aushalten. Vorsicht sollte man bei preiswerten Fleecedecken walten lassen, da sie oft stark imprägniert und mit fragwürdigen Chemikalien gefärbt sind. Viele Katzen meiden sie deshalb, und manche Samtpfote findet reine Synthetik wohl auch wegen der statischen Aufladung suspekt. Ideal sind dagegen Schaf- oder Lammfelle. Ein zu strenger Schafgeruch sollte den Fellen jedoch nicht mehr anhaften, sonst fremdeln die Kätzchen oder markieren die Felle womöglich mit Urin.

KÄTZCHEN IM BETT?

Grundsätzlich spricht nichts dagegen, gesunde Kätzchen auch Ihr Bett teilen zu lassen. Wenn Sie tagsüber viel unterwegs sind, werden Ihre Katzenkinder es besonders genießen, wenn sie abends mit ins Bett dürfen, um in der Nähe ihrer geliebten Menschen zu sein. Erwarten Sie jedoch nicht, dass die Kleinen schon ganze sechs bis acht Stunden, geschweige denn länger, an Ihrer Seite durchschlafen. Menschenbezogene Katzen passen sich zwar dem Lebensrhythmus ihrer Menschen an, aber bei sehr verspielten Jungkatzen sollte man hier Abstriche machen. Wer einen leichten Schlaf hat oder Tiere im Bett nicht schätzt, sollte seinen Samtpfötchen von Anfang an konsequent beibringen, dass das Schlafzimmer ganz oder ab einem bestimmten Zeitpunkt über Nacht „tabu" ist (siehe Kapitel 6).

WENN DAS LIEBLINGSSPIELZEUG mit ins Bett darf, sollten Sie sich auf eine unruhige Nacht einstellen.

SPIEL
& Spaß

Das Spielen – mit Artgenossen ebenso wie mit dem Sozialpartner Mensch – ist ein überaus bedeutsamer Aspekt im Leben jedes Katzenkindes. Im Spiel durchlebt und probiert es die meisten Szenarien, die ihm später im „Ernst des Lebens" begegnen. Gewisse Verhaltensweisen sind als Instinkthandlungen bereits angelegt, aber sie werden im Spiel weiter trainiert, verfeinert und ausgebaut. Das kätzische Spielrepertoire lässt sich grob in zwei Bereiche gliedern, die keine wissenschaftliche Zuordnung darstellen, sondern die wichtigsten Motivationen aufzeigen sollen. Tatsächlich überlagern diese Motivationen sich häufig, oder sie können sich spontan mitten im Spiel ändern.

JAGDSPIELE

Jagdspiele umfassen verschiedene Strategien zum Beutefang wie das Auflauern, Anpirschen, Hinterrennen und Anspringen. „Beute" können alle möglichen Objekte in geeigneter Größe sein, die ins Beuteschema passen – von „Jungmaus" bis „erwachsenes Kaninchen" oder „Ratte". Als Beuteersatz müssen aber häufig auch Artgenossen oder menschliche Gliedmaßen herhalten. Die Jagd auf menschliche Körperteile wird häufig als „Spielaggression" oder „spielerische Aggression" bezeichnet. Die Bezeichnung wurde wohl gewählt, weil der Mensch solche Attacken als aggressiv empfindet, auch wenn sie dem natürlichen Jagdverhalten der Katze entspringen. Meist fehlt eine geeignete Beute oder ein akzeptabler Beuteersatz. Der durch Langeweile entstandene Triebstau wird dann an Fuß oder Hand des Menschen abreagiert.

AGGRESSIVES SPIEL

Im aggressiven Spiel geht es um das Kräftemessen mit Artgenossen im Rahmen einer Rauferei oder einer Auseinandersetzung um etwas Begehrtes, wie beispielsweise ein Spielzeug, einen Leckerbissen oder einen heiß umkämpften Platz („Burgen besetzen"). So wird das Verteidigen eines Reviers und darin vorhandener Ressourcen geübt. Raufereien schulen die Körperkoordination, aber auch strategisches Vorgehen: Manch eine körperlich schwache Katze behält dennoch in einer Auseinandersetzung die Oberhand, weil sie eine gute Taktik einsetzt, indem sie zum Beispiel sofort einen höheren Platz aufsucht, von dem aus sie ihrem Raufkumpel kräftig mit der Pfote auf den Kopf schlagen kann, ohne dass dieser sie von unten erwischt.

ENTERTAIN ME! – JETZT KOMMEN SIE INS SPIEL

Wenn Ihre Kätzchen häufig und ausdauernd miteinander toben, können Sie sich zu Recht freuen, dass die zwei sich so gut verstehen. Dennoch sollten Sie sich die Zeit nehmen, viel mit den Kleinen zu spielen, da das gemeinsame Spiel die Bindung stärkt. Wenn möglich, halten Sie bitte täglich drei bis vier kurze Spielsessions von je fünf bis 15 Minuten ab, die natürlich dann stattfinden sollten, wenn die Miezen gerade eine aktive Phase haben. Abends nach der Arbeit eine halbe Stunde ist gut gemeint, aber meist verlieren die Katzen nach der Hälfte der Zeit das Interesse – von Natur aus fehlt ihnen die Ausdauer. Bieten Sie Ihren Katzenkindern ein möglichst abwechslungsreiches „Spielprogramm", um ihre persönlichen Vorlieben zu entdecken. Bitte verzichten Sie jedoch auf Raufspiele mit Ihren Händen oder Füßen – die sind nämlich nicht mehr drollig, wenn Sie statt dem zarten Kätzchen später einen ausgewachsenen 6-kg-Kater am Handgelenk hängen haben.

Info

RANGFOLGE

Wussten Sie, dass Katzen – anders als beispielsweise Hunde oder Pferde – keine feststehende (absolute) Rangfolge haben, sondern eine sogenannte relative Rangordnung? Welche Katze bei einer Begegnung mit Artgenossen dominiert, wird von verschiedenen Faktoren beeinflusst, vor allem von Zeit und Ort der Begegnung. Bei erwachsenen, fortpflanzungsfähigen Tieren spielt auch der Hormonstatus eine gewisse Rolle.

SPIELZEUGE in der Größe natürlicher Beutetiere erfreuen sich größter Beliebtheit.

BEUTE IST, WAS SICH WIE BEUTE VERHÄLT

Viele Katzenhalter machen den Fehler, einem spielunmotivierten oder müden Kätzchen mit dem Federwedel vor der Nase herumzutanzen oder das Spielzeug sogar auf dem Tier „herumhüpfen" zu lassen, um es zum Spielen zu animieren. Oft reagieren die Katzen hierauf irritiert oder sogar ängstlich, und das vollkommen zu Recht! Keine gesunde Beute würde sich so gegenüber ihrem Fressfeind verhalten – mit Ausnahme eines tollwütigen Beutetiers, bei dem ein unnatürlicher „Mut" zum Krankheitsbild gehört. Eine echte Beute mag den Pfad einer Katze versehentlich kreuzen, aber in der Regel bewegt sie sich vom Feind weg.

RICHTIG SPIELEN

Wirklich spannend ist ein Spielzeug, das sich so „verhält", wie eine Maus oder ein Vogel: Mäuse huschen an Wänden entlang, verharren reglos und prüfen, ob die Luft rein ist, bevor sie ihren Weg fortsetzen. Ziehen Sie das Spielzeug also an der Wand entlang, lassen Sie es kurz stoppen und dann um eine Ecke verschwinden. Vögel sitzen oft längere Zeit an einer Stelle und putzen sich, bevor sie urplötzlich davonfliegen. Ruckeln Sie leicht mit dem Spielzeug und ziehen es dann blitzschnell weg. Wenn Sie Ihren Kätzchen bei jedem vierten Versuch einen Jagderfolg gönnen und ihnen das Spielzeug auch mal eine Weile überlassen, kommen Sie den natürlichen Verhältnissen recht nahe.

[a]

[b]

[c]

[a] WENN DER MENSCHLICHE SPIELPARTNER das Spielzeug richtig animiert ...

[b] ... ist es für ein Kätzchen unwiderstehlich.

[c] GRÖSSERES SPIELZEUG wird zunächst vorsichtiger beäugt, doch die erhobene Pfote und der Blick zeigen, dass die Neugier überwiegt.

[d] ERFOLGSERLEBNISSE SIND WICHTIG: Überlassen Sie dem Nachwuchs die Beute ruhig für ein paar Minuten.

[e] SPIELERISCH fördern Kitten ihre geistige Entwicklung und Körperkoordination.

[d]

[e]

DIE HEIMTIERBRANCHE bietet eine überwältigende Vielfalt an Katzenspielzeugen.

SICHERHEIT GEHT VOR

Sämtliche Spielzeuge mit Schnüren (auch elastischen!) räumen Sie bitte nach jeder Spielrunde katzensicher weg. Drapieren Sie Angeln und Ähnliches auf keinen Fall im Kratzbaum, wo sie überdies leicht vergessen werden. Die Kätzchen können sich darin verheddern und sich Beine und Pfoten abschnüren. Viele Katzen geraten in große Panik, wenn sie etwas „festhält" und sie sich nicht selbst davon befreien können. Im schlimmsten Fall strangulieren die Tiere sich.

Auch kleine Spielsachen sollten Sie – außer ein bis zwei Lieblingsspielzeugen ohne Schnüre, die gerne mal durch die Gegend getragen werden – nach Gebrauch wieder wegräumen. Für die Katzen ist das nicht schlimm, sondern durchaus begreiflich: In der Natur hüpfen die Mäuse ihnen ja auch nicht ständig vor der Nase herum, und würden sie reglos in unmittelbarer Nähe der Katzen in der Gegend herumliegen, wäre dies in der Tat eine höchst suspekte Verhaltensweise!

Checkliste

SICHERES & BELIEBTES KATZENSPIELZEUG:

- [ ] Schaumstoffbälle in der Größe von Tischtennisbällen

- [ ] Fellmäuse oder andere „Felltierchen" ohne Steckeraugen, Metall- oder Plastikteile, die sich lösen können (Ohren, Plastikschnurrhaare etc.)

- [ ] Fellbällchen mit oder ohne Glöckchen

- [ ] Federangeln ohne scharfkantige Metallösen am Anhänger (Eckzähne können festhaken und abbrechen)

- [ ] Kunststoffstäbe mit Federboa oder einem Wedel aus Lederstreifen

- [ ] Papierbällchen

- [ ] Mitgebrachte Schwungfedern, zum Beispiel von Gänsen oder Krähen (diese können kurz mit Wasser überbrüht werden, um Keime abzutöten)

- [ ] Mit sauberem Papier oder trockenem Herbstlaub gefüllte Pappkartons

- [ ] Kleine Stofftiere, sofern sie als kindersicher deklariert sind

- [ ] Kurze, dicke Taustücke aus pflanzlichem Material wie Hanf, Kokos oder Sisal

INTELLIGENZSPIELZEUG

Zu guter Letzt möchte ich eine relativ neue Art von Katzenspielzeug vorstellen, das in den letzten Jahren erfreulicherweise immer mehr Katzenhaushalte erobert: das Intelligenz- oder Beschäftigungsspielzeug. Mit der Erfindung des Katzenfummelbretts im Jahr 2005 und dessen anschließender kommerzieller Vermarktung sensibilisierte die Schweizerin Helena Dbalý Katzenhalter zunehmend für die Erkenntnis, dass gerade Wohnungskatzen sich während der Abwesenheit ihrer Menschen oft langweilen und jederzeit frei verfügbares Futter zum Zeitvertreib in viel zu großen Mengen verzehren – eine ungesunde und nicht artgemäße Gewohnheit!

Das Katzenfummelbrett und andere Intelligenzspielzeuge basieren auf dem Prinzip, dass die Katzen sich Futter „verdienen" müssen, indem sie es aus mehr oder weniger kompliziert gestalteten Behältnissen herausfummeln. Mittlerweile gibt es zahlreiche Futtertürme, -bretter und -walzen sowie aufwendige Konstruktionen für fortgeschrittene Fellnasen, bei denen erst ein Mechanismus richtig betätigt werden muss, bevor das Futter freigegeben wird. Diese Spielzeuge sind nicht nur eine sinnvolle Bereicherung für Katzen, die täglich längere Abwesenheiten ihrer Menschen in Kauf nehmen müssen, sondern sie fordern die Tiere auch geistig. Im Fachhandel wird man Sie gerne beraten, welche Modelle für Ihre Kätzchen infrage kommen.

EIN WENIG HILFESTELLUNG IST ERLAUBT, wenn ein neues Intelligenzspielzeug angeboten wird.

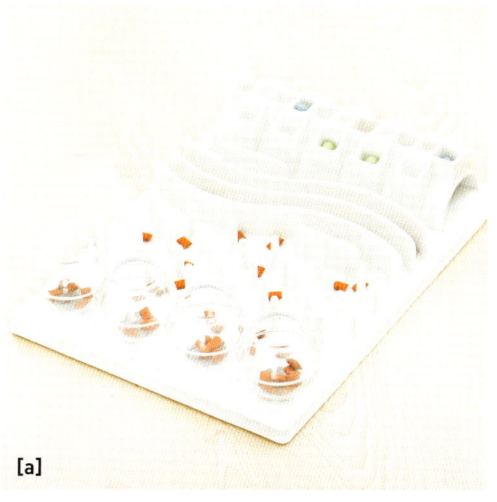

[a]

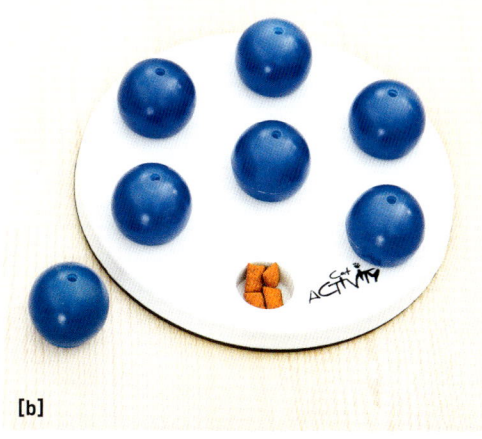

[b]

[a] **DAS KATZENFUMMELBRETT** ist der Pionier unter den Intelligenzspielzeugen.

[b] **WIE DAS KATZENFUMMELBRETT** ist auch das Solitär-Spiel ein gutes Anfängerspielzeug für Kitten ab der 6. Lebenswoche.

[c] **FÜR FORTGESCHRITTENE:** Über Türchen und Schieber erarbeiten findige Katzen sich ihre Belohnung.

[d] **DIESES DING HAT ZWEI SEITEN:** Einmal die hier gezeigten Näpfe und auf der anderen Seite bewegliche Stäbe, unter denen Leckerlis auf geschickte Samtpfoten warten.

[e] **FUTTERBÄLLE** sind ein Riesenspaß.

[c]

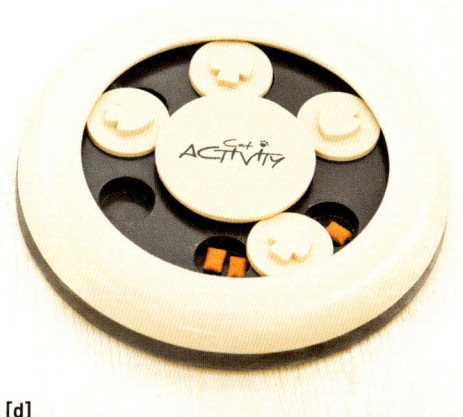

[d]

[e]

GRUNDLAGEN
für ein gesundes Katzenleben

DIE MEISTEN KITTEN WACH-
SEN VÖLLIG PROBLEMLOS
ZU GESUNDEN ERWACHSE-
NEN KATZEN HERAN. DOCH
WISSEN UM DIE RICHTIGE
ERNÄHRUNG UND PFLEGE
SOWIE INFORMATIONEN
ZU HÄUFIGEN INFEKTIONS-
KRANKHEITEN UND PARA-
SITEN IST UNERLÄSSLICH,
DAMIT IHRE TIERE DIE BES-
TEN VORAUSSETZUNGEN
FÜR EIN LANGES, GLÜCK-
LICHES UND GESUNDES
KATZENLEBEN HABEN.

ESSEN
hält Leib und Seele zusammen

Dieses alte Sprichwort gilt nicht nur für uns Menschen, sondern auch für Tiere. Katzenkinder benötigen besonders hochwertige Nahrung, denn ihre Körper sind noch im Wachstum. Eine gute Ernährung in der Jugendzeit ist folglich eine gute Investition in die Zukunft: Aus richtig ernährten Jungkatzen werden in der Regel robuste und gesunde erwachsene Tiere, die nicht so häufig zum Tierarzt müssen. Es lohnt sich also durchaus, sich mit dem Thema „Katzenernährung" gründlicher zu beschäftigen.

KATZEN SIND REINE FLEISCHFRESSER

Im Gegensatz zu Hunden, deren im Rudel jagende Vorfahren auch große Pflanzenfresser erlegen und den Mageninhalt (also teilweise verdaute Gräser, Kräuter usw.) ihrer Beute verzehren, sind Katzen reine Fleischfresser. Ihre Beutetiere sind klein und liefern nur wenig pflanzliche Anteile. Dafür verzehren die meisten Katzen ihre Beute ganz und nehmen so Fell, Federn und Knochen auf, die wichtige Mineralstofflieferanten sind. Alle lebenswichtigen Vitamine und das für die Sehkraft von Katzen unerlässliche Taurin bekommen sie ebenfalls mit dem „Komplettpaket Maus" geliefert.

Unsere Hauskatzen besitzen einen kurzen Darm, den die Nahrung in relativ kurzer Zeit passiert, weil die Nährstoffe in fleischlicher Nahrung nicht in so großem Umfang aufgeschlossen werden müssen, wie es bei reinen Pflanzenfressern oder Omnivoren (Allesfressern, zu denen auch wir zählen) der Fall ist. Interessanterweise besteht einer der wenigen körperlichen Unterschiede zwischen der afrikanischen Falbkatze (dem Urahn unserer Haus- und Rassekatzen) und unseren domestizierten Katzen in der abweichenden Darmlänge: bei der Falbkatze sowie der europäischen Wildkatze misst er um die 140 cm, bei der Hauskatze durchschnittlich 190 cm. Auch wenn dies vielfach als plausibler Hinweis darauf gesehen wird, dass sich unsere Hauskatzen einer veränderten, weitgehend vom Menschen bereitgestellten oder ergänzten Ernährung angepasst haben, gilt selbst für die Kleinen: Im Napf sollte fleischliche Nahrung landen, die sich durch reichlich Protein (etwa 60 Prozent) und einen hohen Fettanteil (etwa 25 Prozent) auszeichnet. Ebenso muss das Futter Mineralstoffe und Vitamine sowie eine Tagesdosis von etwa 300 bis 500 mg Taurin enthalten. Dagegen spielen Kohlenhydrate eine untergeordnete Rolle, da sie vom Katzenkörper kaum sinnvoll verwertet werden. Langfristig machen sie die Tiere nur dick und träge.

DIE MEISTEN KATZENHALTER ernähren ihre Tiere mit fertig zubereiteten Futtermischungen.

EINE WISSENSCHAFT FÜR SICH ...

... ist Katzenernährung heutzutage für viele engagierte Halter. An der Wahl des richtigen Katzenfutters scheiden sich die Geister, und kaum ein anderes Thema wird derart hitzig (und manchmal auch dogmatisch) diskutiert. Man muss aber kein Ernährungsexperte sein, der jeden Inhaltsstoff und dessen Funktion im Körper bis ins letzte Detail kennt, um seine Katze vernünftig zu ernähren. Wenn Ihre Katzenkinder im Alter von zwölf Wochen oder später bei Ihnen einziehen, erkundigen Sie sich bitte zunächst, welches Futter die Kleinen bislang erhalten haben, was sie besonders gerne fressen, und was sie eventuell schlecht vertragen haben. Selbst wenn Sie diese Ernährung nicht für optimal halten, sollten Sie ein bis zwei

Wochen die gewohnte Nahrung weiterfüttern, um den Kätzchen (und sich) nach dem Einzug bei Ihnen nicht gleich zusätzlichen Stress zu bereiten. Zu schnelle Futterumstellungen ziehen nämlich häufig Durchfälle nach sich, oder die fremde Nahrung wird einfach nicht angenommen – vor allem, wenn die Tiere noch fremdeln oder bislang ausschließlich mit einer einzigen Futtersorte gefüttert wurden. Erhöhen Sie innerhalb des Zwei-Wochen-Zeitraums den Anteil der neuen Sorte Tag für Tag um einen Teelöffel, während Sie das andere Futter um die entsprechende Menge reduzieren.
Der Markt für Heimtiernahrung bietet eine Fülle von Nassfuttervarianten, die in Dosen, Aluschälchen oder Portionsbeuteln angeboten werden, sowie unzählige Trockenfuttersorten, die – noch stärker als die Dosennahrung – für individuelle

Katzenbedürfnisse (beispielsweise „bei empfindlichem Magen", „für glänzendes Fell", „gegen Harnsteine", „bis zum 6. Lebensmonat") konzipiert sind. Darüber hinaus haben Sie die Möglichkeit, die Nahrung Ihrer Katzenkinder selbst zusammenzustellen. Das Barfen (BARF = Biologisch Artgerechte Rohfütterung) liegt voll im Trend, bedarf aber einer gründlichen Auseinandersetzung mit der Materie, damit Ihre heranwachsenden Katzen mit allen wichtigen Vitaminen, Mineralstoffen und für den Stoffwechsel essenziellen Aminosäuren versorgt werden. Außerdem ist der Zeitaufwand für die Beschaffung der Zutaten und die Zubereitung nicht zu unterschätzen.

Das Barfen und die Fütterung mit qualitativ hochwertigem Nassfutter aus der Dose entsprechen am ehesten einer natürlichen Ernährung, denn die Flüssigkeitszufuhr spielt eine große Rolle für die Katzengesundheit. Die Vorfahren unserer Haus- und Rassekatzen sind Steppen- und Halbwüstenbewohner, die einen Großteil ihres Wasserbedarfs über den Verzehr ihrer Beutetiere decken. Leider sind viele Katzen nicht besonders motiviert, größere Mengen zu trinken, und manche Katzenhalter beteuern, ihre Katze noch nie beim Trinken beobachtet zu haben, obwohl die feuchten Klumpen im Katzenklo bezeugen, dass sie es tun. Besonders für trinkfaule Katzen ist eine überwiegend oder ausschließlich auf Trockenfutter basierende Ernährung auf Dauer gefährlich, da die Nieren auf Hochtouren arbeiten müssen, um die restlichen sechs bis zehn Prozent Feuchtigkeit aus dieser Nahrung herauszufiltern. Aber Trockenfutter hat auch Vorteile: Es ist gut zu

lagern und verdirbt nicht so schnell, falls Sie aufgrund einer Abwesenheit den Tieren mal etwas auf Vorrat anbieten müssen. Auch kommt es dem Bedürfnis vieler Katzen entgegen, mal so richtig etwas zwischen den Zähnen zu haben, was sie knabbern und zerknacken können. Viele Intelligenzspielzeuge sind ebenfalls besser damit zu befüllen, und hier geht es ja ohnehin eher um die Herausforderung des „Erjagens" als um den Verzehr großer Mengen.

DIE MISCHUNG MACHT'S

Den größten Gefallen tun Sie Ihren Katzenkindern, indem Sie von allem etwas anbieten, wobei der Anteil an Feuchtfutter zwei Drittel bis drei Viertel ausmachen sollte und der Rest in Form von Trockenfutter gut auf besondere Leckerligaben und während Ihrer Abwesenheit angebotene Intelligenzspielzeuge verteilt werden kann. Eine abwechslungsreiche Ernährung (auch von unterschiedlichen Fertigfutterherstellern) hat den großen Vorteil, dass Ihre Kätzchen sich nicht nur an ein bestimmtes Futter gewöhnen und anderes verschmähen.

Es ist zwar umstritten, ob es eine echte Nahrungsprägung bei Katzen gibt, doch die Praxis zeigt, dass viele Miezen sehr beharrlich ihr Lieblingsfutter einfordern – vor allem, wenn sie bei ihren Dosenöffnern damit durchkommen. Daraus kann ein echtes Problem erwachsen, wenn der lokale Einzelhandel die Sorte plötzlich nicht mehr im Sortiment hat, ihre Rezeptur geändert wurde oder sie gar ganz vom Markt genommen wurde.

SPEZIELLES KITTENFUTTER

Das von vielen Herstellern eigens für Kitten angebotene Futter muss nicht unbedingt im Napf landen, solange die Nahrung die eingangs erwähnten Anforderungen erfüllt. Lesen Sie sich bitte gründlich die Zutatenliste und die Angaben ihrer prozentualen Anteile durch. Manche Sorten für junge Katzen besitzen einen höheren Protein- oder Fettanteil als die für erwachsene Tiere und weisen somit einen höheren Energiegehalt (Brennwert) auf, doch bei vielen Herstellern ist der Unterschied zwischen Kitten- und Erwachsenennahrung ohnehin nicht groß.

WANN, WO UND WIE FÜTTERN?

Apropos „mehr fressen": Kätzchen haben von Natur aus nicht das gleiche Sättigungsgefühl wie ausgewachsene Artgenossen und können recht eindrucksvolle Mengen auf einmal verzehren. Das ist aber keine „Essstörung", sondern ein sinnvoller Instinkt, denn in der Natur nimmt ein wachsendes Lebewesen so viel Nahrung auf, wie es kann – es könnte ja für längere Zeit die letzte Mahlzeit gewesen sein. Völlerei ist aufgrund der Jagdtaktik von Kleinkatzen selbst bei gutem Beuteangebot ohnehin nicht vorgesehen: Zwischen zwei Jagderfolgen liegt immer ein zeitlicher Abstand, meist von ein bis zwei Stunden. Ihre Fütterung sollte sich diesem Rhythmus annähern, denn so kann der Organismus der Kätzchen die Nährstoffe optimal verwerten.

IMMER AM SELBEN PLATZ FÜTTERN

Bieten Sie die Mahlzeiten bitte immer am selben Platz an, zum Beispiel in einer ruhigen Ecke der Küche. Servieren Sie das Futter Ihrer Kätzchen in getrennten Näpfen, am besten in ein bis zwei Metern Abstand zueinander. Falls der Napf des Mitbewohners interessanter ist als der eigene, setzen Sie den „Fremdgänger" mit einem nachdrücklichen „Nein!" sanft, aber konsequent wieder an die eigene Futterschale – so oft, bis die Botschaft angekommen ist. Vielleicht wundert Sie diese Maßnahme, weil Ihre Kitten doch problemlos gemeinsam aus einer Schale futtern und es so niedlich ist, wie sie die Köpfchen zusammenstecken. Es geht nicht darum, Futterneid zu vermeiden, sondern für den Fall vorzusorgen, dass ein Tier mit der Nahrung Medikamente erhält, die die andere Katze nicht aufnehmen soll.

Info

WIE OFT FÜTTERN? – EINE RICHTLINIE

Bis Ende 4. Lebensmonat: 4 Mahlzeiten pro Tag

Bis Ende 8. Lebensmonat: 3 Mahlzeiten pro Tag*

Ab dem 12. Lebensmonat: 2 Mahlzeiten pro Tag

* Groß und schwer werdende Katzenrassen können bis zum Ende des ersten Lebensjahres drei Mahlzeiten erhalten.

KATZENGRAS ist Vitaminlieferant, Knabberspaß und Helfer beim Erbrechen von Haarballen.

BEIM FRESSEN IM AUGE BEHALTEN

Wenn Sie es zeitlich einrichten können, behalten Sie Ihre Kätzchen möglichst bei den Hauptmahlzeiten im Auge und entfernen Sie Futterreste nach einer halben Stunde bis Stunde. Angetrocknetes wird ohnehin von den wenigsten Katzen noch verzehrt und riecht ziemlich schnell unappetitlich. Bleibt trotz guten Appetits häufiger etwas übrig, reduzieren Sie die Menge bitte entsprechend.

KATZENGRAS & CO.

Katzengras ist eine echte Bereicherung für die meisten Katzen, weil das Knabbern ihnen Spaß macht und sie das eine oder andere Vitamin darüber aufnehmen. Achten Sie darauf, harte und schmalblättrige Grassorten ohne behaarte Blätter zu erwerben, da Letztere problemlos geschluckt werden können und nicht an den Widerhaken der Katzenzunge hängen bleiben. Gute Alternativen oder Bereicherungen der „Salatbar" können ungespritzter, zum Beispiel selbst gezogener Zimmer- oder Gartenbambus sein. Viele Katzen delektieren sich auch gerne an frischer Katzenminze und Katzengamander. Falls der Enthusiasmus der Kleinen zu groß ist, und das Ganze in eine Wälz-, Rupf- und Sabberorgie ausartet, bieten Sie lieber nur einzelne Zweige an. Auf jeden Fall ist der kleine „Rausch" durch Katzenminze und andere Katzenkräuter völlig harmlos. Beneidenswert, oder?
Wird Grünzeug gleich nach dem Verzehr wieder erbrochen, ist das oft der großen Gier geschuldet, mit der sich die Kätzchen darauf stürzen. Grundsätzlich ist das Herauswürgen der Pflanzenteile aber normal und sogar erwünscht, weil hierbei auch beim Putzen geschluckte Haare aus dem Magen entfernt werden.

KÖRPERPFLEGE
– mehr als nur Schönheitspflege

Sind Sie als Kind gerne zum Friseur gegangen? Falls Sie dies verneinen, haben Sie etwas mit den meisten Kindern – auch Katzenkindern! – gemeinsam. Letztere finden langes Stillhalten ebenfalls blöd, und wenn die Pflegeutensilien auf unsensible Art und Weise vorgestellt wurden, kann sich hieraus eine dauerhafte Abneigung gegen Kamm und Bürste entwickeln. Während sich ein Kätzchen zur Not noch mit Zwang halten lässt (was im Übrigen nicht der richtige Weg ist und eher zu wachsender Ablehnung und Widerstand führt), kann eine ausgewachsene Katze sich als sehr erfinderisch und wehrhaft erweisen, wenn sie sich dem

LASSEN SIE IHR KÄTZCHEN bitte freiwillig den ersten Kontakt mit dem fremden Pflegeutensil aufnehmen.

Pflegeritual entziehen will. Entweder ergreift sie schon beim Öffnen der verdächtigen Schublade oder spätestens beim Erblicken der „Foltergeräte" in Ihren Händen die Flucht.

DIE RICHTIGEN PFLEGEUTENSILIEN

Der Markt bietet eine große Auswahl an Bürsten und Kämmen speziell für Katzen. Viele dieser Produkte sind sehr effizient, aber nicht alle stoßen auf Gegenliebe. Vermeiden Sie unbedingt Geräte mit sehr eng stehenden, scharfkantigen Zinken für die Fellpflege, denn junge Katzen haben noch nicht so dicke Unterwolle wie erwachsene. Ihre Haut ist empfindlicher. Viele Kunststoffprodukte sind unangenehm, weil sie sich statisch aufladen – ein prickelndes Erlebnis, auf das alle Beteiligten gerne verzichten. Für den Einstieg ideal sind Bürsten mit weichen Naturborsten. Schauen Sie ruhig mal in der Abteilung für Babybedarf Ihres Drogeriemarktes danach. Für Langhaarkatzen gehört von Anfang an der grobzinkige Kamm mit rotierenden, an der Spitze abgerundeten Zinken dazu sowie eine spezielle Haustierhaarschere mit abgerundeten Spitzen zum gefahrlosen Entfernen hartnäckiger Haarknoten.

MIT KAMM UND BÜRSTE

Führen Sie Ihre Kätzchen spielerisch an die Pflegeutensilien heran, indem Sie diese zunächst zwecks Inspektion mit Nase und Pfoten auf den Boden legen. Streicheln, loben und ermutigen Sie die Kleinen, wenn sie Interesse an „Borstenvieh mit Holzrücken" oder dem ulkigen Ding mit den kalten Piekern zeigen. Beginnen Sie mit ein bis zwei beiläufigen Kamm- oder Bürstenstrichen täglich über den Rücken, die sich für die Katze wie streicheln anfühlen, also ohne zu hohen Druck. Halten Sie Kätzchen dabei nicht fest und loben Sie, während die Pflege stattfindet. Steigern Sie die Zahl der Bürstenstriche täglich. Viele Katzen ducken sich unter Kamm und Bürste weg, wenn sie genug haben. Hören Sie möglichst auf, bevor dieser Zeitpunkt erreicht ist. Für kurzhaarige Katzen ohne Freigang reichen wenige Minuten Bürsten oder Kämmen einmal pro Woche ohnehin völlig aus.

TÄGLICHES PROGRAMM FÜR LANGHAARIGE SCHÖNHEITEN

Für langhaarige Vertreter wie Perserkatzen oder Maine Coons ist das tägliche Pflegeritual jedoch unverzichtbar. Insbesondere unter den Achseln, am Bauch sowie im After- und Genitalbereich kann das Fell enorm schnell verfilzen. Kleine Knötchen entstehen innerhalb eines Tages, und am zweiten Tag können sie bereits unangenehm groß und unentwirrbar sein. Extreme Verfilzungen schränken die Tiere bei Bewegungen ein und ziepen gemein. Immer wieder werden Tierschützer mit entsetzlich verwahrlosten Langhaarkatzen konfrontiert, deren ahnungslose oder gleichgültige Halter sie nie bürsteten. Aufgrund der teilweise grauenvoll verklebten Haarmatten sind sie medizinische Notfälle, denn im Extremfall können sie sich nur noch unter Schmerzen bewegen und kaum noch Kot absetzen. Meist muss das komplette Haarkleid herunter geschoren werden, nicht selten in Vollnarkose.

DAS KLAPPT SCHON GANZ GUT. Dieses Kitten hält schon artig still.

DER GROBZINKIGE KAMM kitzelt ganz schön am Bauch – ist das etwa eine Spielaufforderung?

So bleiben Kätzchen GESUND

Die regelmäßige Pflege des Haarkleids ist auch ein guter Zeitpunkt, um die Katzen auf etwaige Krankheitszeichen im Kopfbereich hin zu untersuchen. Infektionen der Atemwege machen sich durch eine laufende oder verstopfte Nase bemerkbar; oft fiept die Katze beim Atmen oder produziert rasselnde und schnaufende Nebengeräusche, ähnlich den unsrigen, wenn uns ein heftiger Schnupfen oder eine Bronchitis ereilt hat. Verklebte, gerötete Augen können auf eine bakterielle Bindehautentzündung hinweisen, aber auch als Begleitsymptom von Virusinfektionen auftreten. Insbesondere wenn nur ein Auge betroffen ist, das stark tränt und zusammengekniffen wird, könnte ein Fremdkörper ins Auge geraten und/oder die Hornhaut abgeschürft sein. Gesunde Katzenohren sind innen rosig

MANCHE MEDIKAMENTE dürfen nur ohne Futter verabreicht werden – keine leichte Aufgabe!

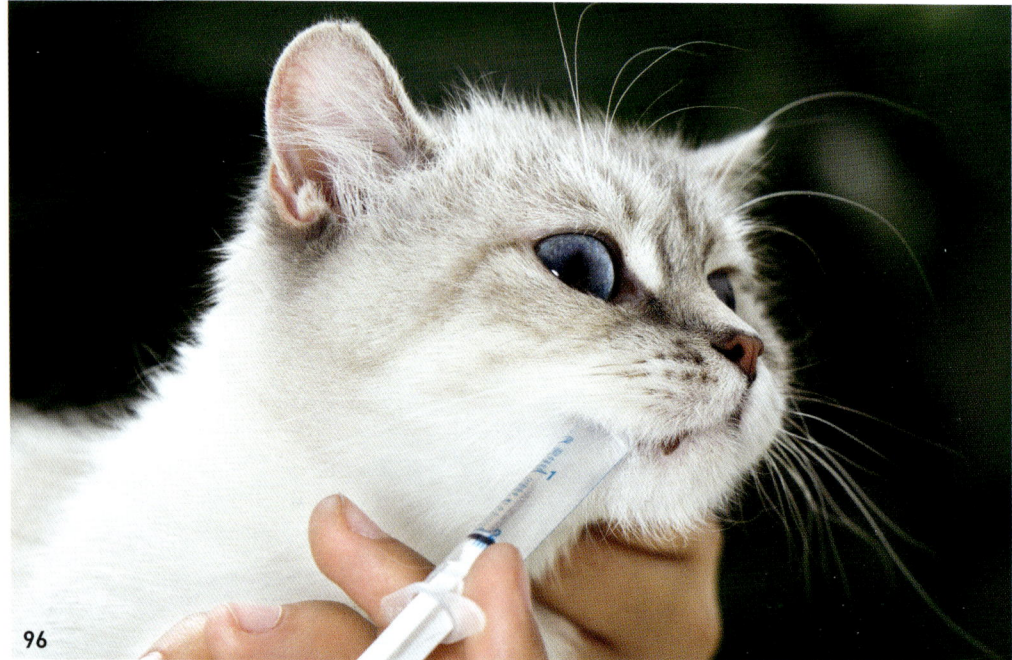

und sauber. Ohrenschmalz sollte nur in kleinen Mengen zu sehen sein, wenn man etwas tiefer in den Gehörgang schaut – sozusagen kurz bevor es darin dunkel wird. Schwarzbraune Beläge oder Pünktchen können ebenso wie übler Geruch aus den Ohren auf Ohrmilben oder bakterielle Infektionen hinweisen. Auch allergische Reaktionen machen sich häufig durch starke Rötungen oder abschuppende Haut der Ohren bemerkbar, bevor sie am übrigen Haarkleid sichtbar werden.

AUGENTROPFEN dürfen nie frontal ans Auge geführt werden, sondern nur von hinten.

UNGEBETENE GÄSTE

Die Notwendigkeit von Wurmkuren für Kitten wurde bereits Seite 56 angesprochen. Aber selbst im saubersten Haushalt können sich die Kleinen infizieren, beispielsweise durch an den Schuhsohlen haftende Wurmeier, die in die Wohnung mitgebracht werden. In unseren Breiten infizieren Katzen sich am häufigsten mit Spul- und Hakenwürmern sowie den in erster Linie von Flöhen übertragenen Bandwürmern. Glücklicherweise sind die heute speziell für Katzen entwickelten Wurmkuren gut verträglich und können nach der Diagnosestellung durch den Tierarzt zu Hause durchgeführt werden. Flöhe weisen Sie im Katzenfell nach, indem Sie einen Flohkamm im 90-Grad-Winkel zur Haut ausgerichtet bis auf die Unterwolle kurz an verschiedenen Stellen durch das Fell ziehen. Finden Sie schwarzbraune Krümelchen zwischen den Haaren, streuen Sie diese auf ein angefeuchtetes Stück Küchenkrepp. Verwandeln die Pünktchen sich in rötlich-braune Flecken, haben Sie Flohkot erwischt, der nichts

anderes ist als getrocknetes Blut. Neben der Flohbehandlung wird Ihr Tierarzt Ihren Kätzchen auf jeden Fall eine Wurmkur gegen Bandwürmer verordnen. Warten Sie nicht, bis die Parasiten sich ausbreiten, denn sonst müssen Sie auch den Lebensraum der Kätzchen extrem gründlich reinigen, um Flohpuppen und -larven zu vernichten.

KINDERKRANKHEITEN?

Typische Kinderkrankheiten, wie Menschenkinder sie durchlaufen (beispielsweise Masern, Windpocken, Röteln und Mumps), um als Erwachsene dann gegen diese Viruserkrankungen lebenslang immun zu sein, gibt es bei Katzenkindern nicht. Leider verlaufen einige katzenspezifische Virusinfektionen tödlich oder hinterlassen bleibende Schäden an inneren Organen oder dem Nervensystem. Daher sind regelmäßige Schutzimpfungen ein absolutes Muss, um das sich jeder verantwortungsvolle Katzenhalter kümmern sollte.

IM ZWEIFELSFALL konsultieren Sie lieber einmal zu viel als zu wenig den Tierarzt.

DURCHFALL

Ähnlich wie bei Menschenkindern ist das Verdauungssystem von Kätzchen noch nicht so stabil wie bei ausgewachsenen Katzen. Magen und Darm sind wichtige Teile des Immunsystems, das sich bei heranwachsenden Lebewesen erst noch vollständig ausbilden muss. Junge Katzen neigen daher zu Durchfall, der zahlreiche Ursachen haben kann. Viele davon mögen harmlos sein, aber der Durchfall selbst ist es nicht. Ein betroffenes Kätzchen kann innerhalb weniger Stunden viel Flüssigkeit verlieren. Durch sanftes Hochziehen des Nackenfells können Sie prüfen, ob das der Fall ist: Die hochgezogene Hautfalte sollte innerhalb einer Sekunde verschwunden sein, d.h. das Fell wieder glatt anliegen. Tut es das nicht, dann nichts wie ab zum Tierarzt. Lassen Sie sich dort nicht vertrösten – Ihr Katzenkind ist ein akuter Notfall!

Leichter Durchfall ohne Fieber, bei dem das betroffene Kätzchen noch putzmunter ist, lässt sich oft gut mit gekochtem, ungewürztem Hühnerfleisch kurieren, dem etwas weich gekochter weißer Reis beigemengt wird. Ins Trinkwasser können Sie etwas schwarzen Tee geben, der 15 Minuten lang zog. Die Gerbstoffe darin wirken beruhigend auf Magen und Darm. Hält der Durchfall jedoch länger als 24 Stunden an, ohne dass eine deutliche Verbesserung eintritt, suchen Sie bitte Ihre Tierarztpraxis auf. Es können auch Einzeller (Giardien, Kokzidien) oder eine bakterielle Infektion dahinter stecken.

Gefährliche Infektionskrankheiten
IM ÜBERBLICK

FELINE INFEKTIÖSE PERITONITIS (FIP)

Verursacher ist das Feline Coronavirus, das etwa die Hälfte der deutschen Katzenpopulation in sich trägt. Die Erstinfektion verläuft meist undramatisch mit leichtem Durchfall. Hauptansteckungsquelle sind Katzenklos an Orten, wo viele Katzen zusammenleben. Doch viele Virusträger bleiben ihr Leben lang kerngesund. Erst wenn der Erreger mutiert, bricht die FIP aus und ruft Entzündungen im Körper hervor, meist eine Bauchfellentzündung mit starker Flüssigkeitsbildung, die mit hohem Fieber einhergeht. Über eine Probe der Flüssigkeit kann die FIP zuverlässig diagnostiziert werden. Besonders gefährdet sind Jungkatzen und alte Tiere, deren Immunsystem bereits angegriffen ist. Die FIP verläuft immer tödlich.

IMPFSCHUTZ Die FIP-Impfung ist umstritten und die Lehrmeinung geht dahin, dass sie wirkungslos ist. Wenn überhaupt, kommen nur Kätzchen dafür infrage, die noch keinen Kontakt mit dem Coronavirus hatten (Antikörpertest). Bei Virusträgern besteht das Risiko, dass die FIP nach der Impfung ausbricht. Einen zuverlässigeren Schutz erreichen Sie über gute Hygiene, ausgewogene Ernährung und wenig Stress im Lebensraum.

LEUKOSE (FELINE LEUKÄMIE)

Das primär durch Speichel und somit durch direkten Körperkontakt zwischen Katzen übertragene FeLV-Virus vermehrt sich in Schleimhäuten und Lymphsystem und infiziert schließlich das für die Blutbildung zuständige Knochenmark. Das Virus kann jahrelang im Katzenkörper existieren, ohne dass Symptome auftreten. Doch bricht die Leukose aus, zeigt sich dies vor allem durch verminderte Leukozyten-, Thrombozyten- und Lymphozytenzahlen. Das entartete Blutbild verzögert Heilungsprozesse und macht die Katze anfällig für Sekundärinfektionen wie Zahnfleisch- und Ohrentzündungen. Es können schnell wachsende Tumoren entstehen. Eine ausgebrochene Leukose bedeutet das Todesurteil für die betroffene Katze.

IMPFSCHUTZ Der Leukoseimpfschutz ist für künftige Freigänger unbedingt erforderlich, da sie in Beißereien mit fremden Katzen verwickelt werden können. Voraussetzung für die erfolgreiche Immunisierung ist ein negativ ausgefallener Leukosetest. FeLV-positive Katzen dürfen auf keinen Fall gegen Leukose geimpft werden und sollten im Haus gehalten werden, um andere Katzen nicht anzustecken.

FELINES IMMUNSCHWÄCHEVIRUS (FIV), KATZEN-AIDS

Die Übertragung findet in erster Linie über Bissverletzungen, also von Speichel auf Blut, statt. Unkastrierte Freigänger sind deshalb am stärksten gefährdet. Drei bis sechs Wochen nach der Ansteckung schwellen die Lymphknoten an und die Zahl weißer Blutkörperchen nimmt ab. Oft gehen diese Symptome mit einem Fieberschub einher. Nach einigen Wochen bis Monaten klingt diese Reaktion ab, und die Katze kann Monate bis Jahre äußerlich gesund erscheinen. Erst wenn das Immunsystem schwächelt, treten Sekundärinfektionen auf, die einfach nicht abheilen wollen. Typisch sind Gewichtsverlust, chronischer Durchfall, Entzündungen der Mundhöhle und Haut, aber auch der inneren Organe. Auf Menschen ist Katzen-AIDS nicht übertragbar. Wichtig: Schnelltests ergeben manchmal falsch positive Ergebnisse. Im Zweifelsfall sollten Sie in den sogenannten Western-Blot-Test investieren, um Gewissheit zu erlangen.

IMPFSCHUTZ Unbedingt erforderlich für Freigänger. Die Wirksamkeit der Impfung liegt bei etwa 80 Prozent.

KATZENSCHNUPFEN

Der Katzenschnupfen ist eine Mischinfektion, an der katzenspezifische Herpes- sowie Caliciviren beteiligt sind. Oft kommen noch Bakterien hinzu. Für die Tiere sind die Schnupfensymptome äußerst quälend: Augen und Atemwege verschleimen und vereitern, auch Entzündungen der Mundhöhle treten auf. Vor allem bei infizierten Kitten führt der Katzenschnupfen zu furchtbaren Augenentzündungen bis hin zum Verlust des Augenlichts. Die Erkrankung kann bei stark geschwächten Tieren, vor allem Jungtieren, auch tödlich verlaufen.

EIN BLICK INS MAUL kann Hinweise auf Erkrankungen liefern, die sonst unentdeckt blieben.

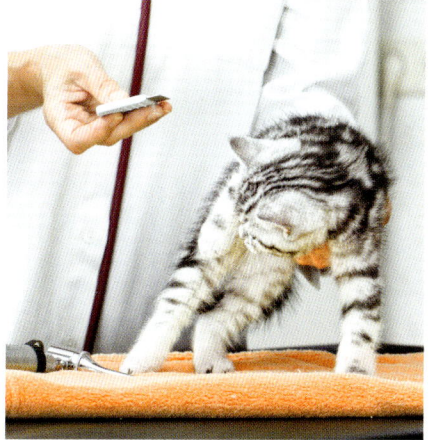

SNAP-TESTS (Schnelltests) gibt es mittlerweile für viele Infektionskrankheiten.

abends noch gesund erschienen und morgens tot in ihrem Körbchen lagen. Bei rechtzeitiger Behandlung und mit Glück können Kätzchen die Infektion überleben, aber die Chancen sind nicht hoch.

IMPFSCHUTZ Glücklicherweise kann gegen die Katzenseuche sehr wirksam geimpft werden – schützen Sie Ihre Kätzchen unbedingt!

IMPFSCHUTZ Auch für Wohnungskatzen wichtig, da die zählebigen Herpes- und Caliciviren auch von außen eingeschleppt werden können. Infektionen können zwar trotz Impfschutz noch auftreten, da die Zahl der beteiligten Erreger groß und unterschiedlich ist, doch verlaufen sie wesentlich milder als ohne Impfung.

KATZENSEUCHE (FELINE PANLEUKOPENIE)

Das feline Parvovirus ist sehr zäh, und Katzen können sich nicht nur über sämtliche Körperflüssigkeiten, sondern auch durch den Kontakt mit infizierten Gegenständen damit anstecken. Symptome sind Apathie, starke Durchfälle und Erbrechen. Die Nahrung wird meist verweigert, und das erkrankte Tier wird schnell schwächer. Die Zahl der weißen Blutkörperchen sinkt drastisch. Gefährdet sind vor allem junge Katzen bis zum Alter von einem Jahr. Das Gefährliche an der Katzenseuche sind ihre kurze Inkubationszeit und die Heftigkeit der ausgebrochenen Krankheit. Es sind Fälle bekannt, in denen Katzen den Haltern

Info

RICHTIG HANDELN IM KRANKHEITSFALL

▪ Warten Sie nicht zu lange, d. h. nicht länger als 24 Stunden mit dem Tierarztbesuch. Verschleppte Krankheiten verlaufen meist langwieriger und verursachen oft höhere Kosten als frühzeitig behandelte.

▪ Bitte behandeln Sie Ihre Katzen niemals ohne tierärztliche Abklärung mit Medikamenten aus der Humanmedizin, die Sie bei gleichartigen Symptomen anwenden.

▪ Behandeln Sie Ihre Katzen nicht mit Resten von Medikamenten, die die Tiere bei gleichartigen Symptomen verordnet bekamen. Die Ursache kann diesmal eine andere sein, und die vorschnelle Medikamentengabe erschwert oder verhindert womöglich eine korrekte Diagnose.

▪ Wenn Sie bezüglich eines Krankheitsverlaufs oder einer Medikation unsicher sind, rufen Sie lieber einmal zu viel als zu wenig in der Praxis an!

KASTRATION
ist praktizierter Tierschutz

Sie werden sehen, dass – nicht anders als bei Menschenkindern – aus Ihren süßen kleinen Kitten rasch Jungkatzen mit individuellen Persönlichkeiten werden. Entsprechend individuell verläuft bei ihnen auch die Entwicklung der Geschlechtsreife, die sich ganz unterschiedlich bemerkbar machen kann. Gerade die Herren der Katzenschöpfung sollten Sie genau im Auge behalten: Falls Ihre Katerchen plötzlich häufig den steil aufgerichteten Schwanz vibrieren lassen und sich hierbei an Türrahmen, Mauerecken und ähnlich „herausragenden" Punkten positionieren, ist es höchste Zeit, sich um die Kastration

BITTE GEWÄHREN SIE Ihrem Kätzchen erst Freigang, wenn es kastriert ist.

zu kümmern. Aus diesem „Trockenmarkieren" entwickelt sich das katertypische Urinmarkieren, das die Tiere unter Umständen nicht wieder einstellen, wenn es vor der Kastration schon zur Gewohnheit wurde.

Bereits im ersten Kapitel erwähnte ich, dass „Doktorspiele" der lieben Kleinen für ungewünschten Nachwuchs sorgen können. Aber selbst wenn Sie gleichgeschlechtliche Tiere halten, sollten Sie sie unbedingt kastrieren lassen. Sie nehmen den Katzen – und sich! – damit eine Menge Stress, denn die Suche nach einem Fortpflanzungspartner ist bei beiden Geschlechtern nun mal genetisches Programm und will durch die Paarung belohnt werden. Häufig wird unterschätzt, wie sehr vor allem rollige Kätzinnen leiden, vor allem, wenn sie ihre Rolligkeit nur „dezent" durch Gurren und Wälzen auf dem Boden zeigen. Mehr Überzeugungskraft haben die Vertreterinnen der Spezies, die ihren Zustand laut schreiend kundtun und ebenfalls mit dem (nicht nur Katern vorbehaltenen!) Urinmarkieren beginnen. Aber gerade der Hormonhaushalt weiblicher Tiere gerät durch die ausbleibende Befruchtung in Dauerstress: Dauerrolligkeit, Zystenbildung und Gebärmutterentzündungen sind die Folgen.

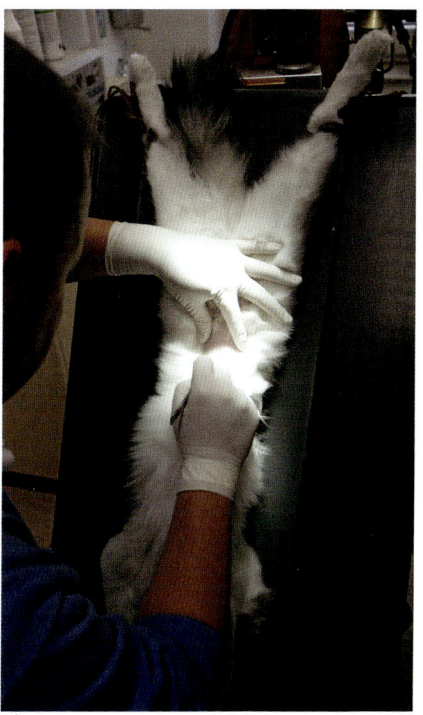

DIE KASTRATION weiblicher Katzen ist ein kurzer tierärztlicher Routineeingriff.

KASTRATION IST KATZENSCHUTZ

Doch so viele nachdrückliche Hinweise sollten Sie als tierlieber Mensch gar nicht benötigen, um Ihre Jungkatzen beim Tierarzt für den Eingriff anzumelden. Abgesehen vom Schutz Ihrer eigenen Einrichtung und Ihres Seelenfriedens verhindern Sie nicht nur das Leid Ihrer eigenen Katzen, sondern helfen auch mit, das durch Überpopulation entstandene Katzenelend einzudämmen. Selbst wenn Ihre Katzen reine Stubentiger bleiben sollen: sie können auch mal entwischen, und

unkastrierte Tiere versuchen dies aufgrund ihres Triebs eher als kastrierte. Bei Freigängern senkt die Kastration außerdem das Risiko, dass sie sich durch Paarungsbiss, Revierkämpfe oder den Geschlechtsakt mit gefährlichen Krankheiten infizieren. Falls Ihre Katzen Freigang genießen sollen, lassen Sie bitte beide Geschlechter frühestens sechs Wochen nach der Kastration nach draußen. Die Kater sind erst dann nicht mehr zeugungsfähig, und die Katzen hatten ausreichend Zeit, sich von dem für sie etwas schwereren Eingriff ausreichend zu erholen.

ERZIEHUNG
auch für junge Samtpfötchen

TURNÜBUNGEN IN DEN GARDINEN? NASCHEN VOM
ESSTISCH? NIX DA! KONSEQUENZ IST DAS A UND O
BEI DER KATZENERZIEHUNG. UNSERE SAMTPFOTEN
LERNEN SCHNELL UND GERNE, WENN SIE RICHTIG
UND MASSVOLL ERZOGEN WERDEN. WIE ES GEHT,
LESEN SIE HIER.

GRUNDLAGEN
der Katzenerziehung

Katzen haben nach wie vor den Ruf, kaum erziehbar zu sein. Das ist äußerst ungerecht gegenüber unseren hochintelligenten Stubentigern, denn wenn als Maßstab der Grundgehorsam eines Hundes angelegt wird, der Aufforderungen wie „Komm", „Sitz" und „Platz" zuverlässig befolgt, kommt das einem Vergleich zwischen Äpfel und Birnen gleich. Am Beispiel von Hund und Katze lässt sich jedoch hervorragend erläutern, warum Katzen oft als erziehungsresistent angesehen werden und selbst erfahrene Katzenhalter manchmal kurz davor sind, an ihnen zu verzweifeln: Die Vorfahren unserer Haushunde jagen im Rudel und sind auf Kooperation angewiesen, um überlebenswichtige Jagderfolge zu erzielen. Hauskatzen (und ihre Vorfahren) hingegen jagen konsequent alleine. Die aktive Zusammenarbeit mit anderen ist also laut ihrem genetischen Plan nicht wichtig für ihr Überleben. Was für ihren Jagderfolg zählt, sind eine sehr gute Beobachtungsgabe, Beharrlichkeit, kurzfristig hohe Konzentration und schnelle Reaktionen. Wenn Sie einmal bewusst darauf achten, erleben Sie diese Eigenschaften sehr häufig im Einsatz.

So registrieren Ihre Kätzchen beispielsweise genau, wo Sie die volle Einkaufstüte abgestellt haben, als das Telefon klingelte. Wundern Sie sich bitte nicht, wenn eine Viertelstunde später ein Loch in der Tüte klafft und die Rabauken sich erfolgreich ins Innere vorgearbeitet haben, vielleicht schon bis zum Putensteak. Da sie Ihnen oft genug beim Auspacken von Einkäufen zugesehen haben, wissen die Kleinen genau, dass da auch etwas Gutes für sie drin sein könnte.

Dank ihrer hervorragenden Beobachtungsgabe und Intelligenz lernen viele Katzen ganz erstaunliche Dinge, die ihnen niemand bewusst beigebracht hat: Das Öffnen von Zimmertüren beherrschen viele Katzen meisterhaft beziehungsweise versuchen es immer wieder, bis sie als erwachsene Tiere das nötige Gewicht zum Herunterdrücken der Klinke erreicht haben. Auch das WC wird von einigen Miezen zu dem gleichen Zweck benutzt wie von den Zweibeinern. Nicht ganz so ehrgeizige Exemplare beschränken sich auf das Drücken der Wasserspültaste und erfreuen sich an dem gurgelnden Wasser in der Schüssel sowie dem Gefühl, etwas so Faszinierendes selbst bewirkt zu haben. Die gute Nachricht ist, dass die Erziehung von Wohnungskatzen Ihnen weder einen gewaltigen Aufwand abverlangen wird noch solch ein Mysterium ist, als dass Sie sie nicht erfolgreich durchführen könnten. Wichtig ist, dass sie von Anfang an konsequent stattfindet und Sie die richtigen Erziehungsmaßnahmen wählen.

EIN GEDECKTER TISCH ist verführerisch für jede Katze. Samtpfoten können aber lernen, dass sie – zumindest in Gegenwart ihrer Menschen – dort nicht erwünscht sind.

KLARE REGELN VON ANFANG AN

Sie haben Ihren Katzen das Geschenk gemacht, mit einem Artgenossen zusammenleben zu dürfen. Es gibt Intelligenzspielzeug in Ihrem Haushalt und Sie spielen auch regelmäßig mit den Jungspunden. Trotzdem werden Ihre Kätzchen von Zeit zu Zeit Dinge tun, die sie nicht tun sollen – das ist Teil des normalen Erkundungsverhaltens und zeugt von Intelligenz, altersgemäßer Neugier und Lebensfreude. Andererseits ist es vollkommen in Ordnung, wenn bestimmte Orte (Küchenarbeitsplatte, Esszimmertisch oder ein ganzes Zimmer) für die Kleinen „tabu" sind. Allerdings kommt es immer auf die Verhältnismäßigkeit der Einschränkungen an: In einer 40-Quadratmeter-Wohnung darf man seinen Kätzchen nicht den Zugang zur halben Wohnung verwehren und sie ausschließlich in Küche und Bad verbannen, während der Esstisch ruhig katzenfrei bleiben darf. In einem Haus oder einer großen Wohnung ist es aber durchaus vertretbar, wenn ein bis zwei Räume für die Katzen „off limits" sind. Bitte einigen Sie sich unbedingt mit anderen Mitgliedern Ihres Haushalts darüber, was erlaubt sein soll und was nicht. So vermeiden Sie es, Ihre Katzen zu verunsichern. Was einmal tabu ist, sollte für immer tabu sein. Leider sind wir Menschen – im Gegensatz zu unseren Haustieren! – nämlich ziemlich oft inkonsequent: Während diese im Hier und Jetzt leben und sich vollkommen auf eine Sache fokussieren, sind unsere Köpfe voller Alltagsdinge, die uns leicht ablenken. Und schon lassen wir Fünfe gerade sein, obwohl es grundverkehrt ist.

VIELE KATZEN ERZIEHEN ihre Menschen erfolgreich zu braven Türöffnern.

Das geschieht meistens dann, wenn wir gerade müde und erschöpft von der Arbeit zurück sind und nicht die Zeit oder Energie haben, um unseren Tieren gerade in diesem Moment erzieherische Maßnahmen angedeihen zu lassen. Aber genau dieser Moment zählt! Etwas, das mal erlaubt und mal verboten ist,

spornt Ihre Katzenkinder an, es immer wieder zu versuchen, wenn der Anreiz nur groß genug ist. Beispiele für solche starken Anreize sind duftendes Essen auf dem Tisch, eine toll riechende kuschelige Wolldecke und Kissen zum Verstecken im Gästezimmer oder die perfekt ins Beuteschema passenden Make-up-Utensilien im Bad, die sich – sobald sie ins Waschbecken oder die Badewanne gepfötelt wurden – so gut „jagen und erlegen" lassen.

NICHTS UNMÖGLICHES VERLANGEN

Wahren Sie bitte empfindliche Gegenstände, an denen Sie sehr hängen, für die Katzenjugend unzugänglich auf – ohne Wenn und Aber. Das Katzenkind, das in seiner Jugend nicht irgendetwas zerstört oder zumindest stark beschädigt, dürfte so selten sein wie ein Sechser im Lotto. Denken Sie immer daran: das Tier tut so etwas niemals, um Sie zu ärgern. Es hat kein Konzept von materiellen oder ideellen Werten. Aber auf keinen Fall sollten Sie Tränen über solch einen Unfall vergießen müssen, erheblichen finanziellen Schaden erleiden oder Gefahr laufen, Groll gegenüber Ihren Katzenkindern zu hegen. Also: kostbare Kristallgläser vom offenen Regal nehmen und Vasen katzensicher einschließen, darauf achten, dass ein echtes Ölgemälde hoch genug hängt, um nicht mit einer Kratzfläche verwechselt zu werden, und die Tischplatte des edlen Erbstücks in hochglanzpoliertem Mahagoni lieber zähneknirschend mit mehreren dicken, festgespannten Tischdecken schützen, als dicke Kratzer zu riskieren...

Info

GRUNDLAGEN EINER ERFOLGREICHEN KATZENERZIEHUNG:

- Klare Regeln von Anfang an
- Strafen vermeiden
- Möglichst viel belohnen
- Alternativen für selbstbelohnendes Verhalten bieten

STRAFEN VERMEIDEN

Die Instrumente, derer wir uns in der Erziehung unserer Kinder und Haustiere am häufigsten bedienen, sind die Belohnung (positive Verstärkung) und die Bestrafung. Die gängigsten Belohnungen für Katzen sind verbales Lob, Streicheln und Leckerchen, aber auch Anlächeln und – von uns überhaupt nicht beabsichtigt – für manch hartnäckiges Katzentier auch negative Beachtung wie Schimpfen oder ein Hinrennen zum Ort des Geschehens mit dem Ausruf: „Was hast du denn jetzt schon wieder angestellt?!" Gerade wenn sie ein robusteres Gemüt hat, freut die Katze sich dann einfach, dass mal wieder richtig „Action" in der Bude ist.

STRAFEN SIND PROBLEMATISCH

Auf die Bestrafung von Katzen möchte ich als Erstes eingehen, da sie ein gewaltiges Potenzial für schlimme Fehler birgt, die das Vertrauen Ihrer Kätzchen in Sie und das Leben nachhaltig schädigen und sogar für immer zerstören kann. Leider werden immer noch dubiose Erziehungsmaßnahmen wie „einfach mal richtig kräftig Anschreien, damit er das endlich begreift" oder „Anspritzen mit der Blumenspritze oder Wasserpistole" empfohlen, und auch schlimme körperliche Übergriffe wie Prügeln oder die Nase in Ausscheidungen stoßen (bei Unsauberkeit) werden gelegentlich noch propagiert. Doch damit die Katze eine Strafe oder Belohnung tatsächlich mit der unerwünschten Handlung in Verbindung bringt, muss diese innerhalb von ein, spätestens zwei Sekunden nach dem „Fehlverhalten" erfolgen. An diesem Zeitraum

ist nicht zu rütteln; er ist durch zahlreiche Untersuchungen belegt. Eine spätere Maßnahme wird folglich mit dem in Verbindung gebracht, was die Katze gerade in diesem Moment tut. Sind Sie so schnell zur Stelle, wenn Ihre Katze etwas Unerlaubtes tut? In den meisten Fällen dürfte das nicht der Fall sein. Ein häufig vorgebrachtes Gegenargument ist: „Aber meine Katze weiß genau, dass sie etwas ausgefressen hat. Sie rennt immer schon weg, weil sie ein schlechtes Gewissen hat!" Tatsächlich läuft die Katze weg, weil Sie mit Ihrer Körperhaltung, Ihrem Gesichtsausdruck und sicher auch durch Ihren Geruch (Ausdünstung von Stresshormonen) ganz klar ausdrücken: „Ich bin gerade ganz übel gelaunt!"

Betrachten wir einmal das so oft als Universallösung gepriesene Spritzen mit einem Wasserstrahl: Sobald Sie mit einer Wasserpistole oder Blumenspritze herumlaufen, um zuverlässig Ihre Kätzchen von der Arbeitsplatte verjagen zu können, verändert sich Ihre Körpersprache unbewusst, da Sie eine gewisse Erwartungshaltung haben („Macht ihr das ruhig noch mal. Ihr werdet schon sehen, was ihr davon habt!"). So gesehen mag die Methode erst mal funktionieren – die Katzen sind misstrauisch. Aber wollen Sie künftig nur noch mit einer Wasserspritze in der Hand Ihre Küche betreten? Wohl kaum! Und wie gesagt, Katzen sind hervorragende Beobachter: Sobald Sie sie einige Male nass gespritzt haben, haben sie verstanden, dass der Wasserstrahl aus Ihrer Richtung kommt. Dann werden sie die Strafe mit Ihrer Anwesenheit statt mit dem unerwünschten Verhalten in Verbindung bringen.

Das zweite Problem ist die Wahl des richtigen Strafmaßes: Manche Katzen stecken so eine Dusche ganz gelassen weg, aber andere haben große Angst vor Wasser oder dem Zischlaut der Wasserspritze. Möchten Sie erreichen, dass sie schon beim Anblick der Blumenspritze in Ihrer Hand große „Angstaugen" bekommen und sich fluchtbereit wegducken? Ganz sicher nicht!

Sobald ein Lebewesen große Angst hat, sind übrigens automatisch alle Lernprozesse blockiert, da sich der ganze Organismus in Sekundenbruchteilen auf Flucht oder Kampf einstellt. Vor diesem Hintergrund versteht es sich wohl von selbst, dass jede Form körperlicher Gewalt nicht zum Ziel führt, sondern stattdessen Vertrauen zerstört. Abgespeichert wird mittelfristig nur eine einzige, aus Sicht des nicht nachvollziehbar bestraften Tieres lebenswichtige Information: „Du, Mensch, bist gefährlich und unberechenbar. Künftig gehe ich dir lieber konsequent aus dem Weg!"

BITTE IN KATZENSPRACHE!

Sie können Ihren Katzenkindern aber Ihr Veto vermitteln, indem Sie sie in Katzensprache maßregeln, zum Beispiel, wenn ein ungebetener Gast auf Ihrem Esstisch oder der Arbeitsfläche Ihrer Küche auftaucht: Pusten Sie dem Kätzchen sofort kurz ins Gesicht oder tippen sie ihm nachdrücklich mit der Fingerspitze auf den Nasenrücken, wobei Sie energisch „Nein!" sagen. Setzen Sie es anschließend sofort auf den Boden der Tatsachen. Möglicherweise müssen Sie dieses Manöver mehrmals wiederholen, bis der potenzielle Mitesser die Lektion gelernt hat, aber konsequent angewendet, wird künftig ein scharfes „Nein!" reichen, um ihn zu vertreiben. Das Pusten simuliert beim Fauchen ausgestoßene Luft, während ein Nasenstüber mit der Pfote von normal sozialisierten Katzen als „Stopp! Es reicht jetzt!" verstanden wird. Katzenmütter signalisieren so ihren Kitten, dass sie ihre Ruhe haben wollen.

MENSCHEN tun sich schwer damit, für ihre Katzen das für eine Situation angemessene „Strafmaß" zu finden.

IST DAS VERTRAUEN einmal zerstört, hilft auch Spielzeug nicht mehr.

FÜR VIELE KATZEN SIND STREICHELEINHEITEN von ihrer Bezugsperson die schönste Belohnung.

MÖGLICHST VIEL BELOHNEN

Mit Belohnungen erreichen Sie Ihre Katzenkinder wesentlich effektiver als mit Strafen. Überdies stärken Erfolgserlebnisse auch ihr Selbstvertrauen und die Bindung zu Ihnen. Belohnen heißt nicht, dass Sie nun ständig mit Futter in der Tasche herumlaufen müssen. Tatsächlich freuen Ihre Samtpfoten sich auch über verbales Lob, Streicheln und Schmusen oder eine kleine Spielsession. Ihre Körpersprache verrät, ob die Belohnung ankommt: Ohren und Schnurrhaare sind bei aufmerksamem Gesichtsausdruck nach vorne gestellt. Einige Katzen fächern die Haare an der Schwanzwurzel bei freudiger Erregung ein wenig auf oder wölben den Rücken (als Vorstufe eines kleinen Hüpfers, um Köpfchen zu geben und sich an ihrem Menschen zu reiben). Manche haben auch einen besonderen Laut, um Freude auszudrücken, beispielsweise ein Gurren oder ein kurzes „Mrrrrrh!", ebenfalls oft in Verbindung mit Köpfchengeben. Lob ist immer dann angebracht, wenn Ihre Katzenkinder ihre Kratzbäume und -bretter benutzen oder ein neues Katzenklo annehmen. Streicheln und schmusen bieten sich an, um ihnen

die für sie vorgesehenen Sitz- und Liegeflächen interessant zu machen: An diesen Orten geschieht Gutes! Und um noch mal das Beispiel von Esstisch und Arbeitsplatte zu bemühen: Belohnen Sie Ihre Katzen zwischendurch mal mit einem Leckerli, das Sie ihnen genau dann geben, wenn sie es sich gerade für eine Weile auf einem Küchenstuhl oder der Fensterbank bequem gemacht haben, obwohl Sie gerade eine Mahlzeit für sich zubereiten oder verzehren. Dann lernen sie nämlich ganz nebenher, dass braves Verhalten sich lohnt. Ein Katzenkind, das gerade zu Ihnen kommt, sollte stets freundlich von Ihnen begrüßt werden. Rufen Sie Ihre Kätzchen ruhig öfters ohne besonderen Anlass mit ihren Namen zu sich, nachdem Sie sich mit ein paar Lieblingsleckereien Ihrer Samtpfoten eingedeckt haben. Überschwängliches Lob, Schmusen und Leckerlis sorgen dafür, dass Ihre Kleinen bald recht zuverlässig angetrabt kommen werden, weil es sich immer für sie lohnt. Das kann sehr wichtig sein, falls Ihre Tiere später Freigang erhalten sollen. Besonders zu den Fütterungszeiten können Sie damit rechnen, dass Ihre Katzen nach Ausflügen recht zuverlässig auf der Bildfläche erscheinen, wenn Sie sie rufen.

ALTERNATIVEN FÜR SELBSTBELOHNENDES VERHALTEN BIETEN

Sie werden auch Situationen erleben, in denen Ihre Katzenkinder hartnäckig an unerwünschten Verhaltensweisen festhalten, obwohl Sie diese immer wieder mit einem scharfen „Nein!" ahnden. In solchen Fällen sind Sie höchstwahrscheinlich mit einem selbstbelohnenden Verhalten konfrontiert, das heißt, die Handlung selbst ist schon die Belohnung, zum Beispiel ein gutes Gefühl an den Pfötchen, wenn die Raufasertapete bearbeitet wird, und so ein spannendes Knistern beim Kratzen! Auch ist das Ergebnis des Markierens viel eindrucksvoller sichtbar, als wenn der Sisalstamm des Kratzbaums bearbeitet wird. Insbesondere Jagdverhalten ist grundsätzlich selbstbelohnend, aber manche Katzen haben sehr eigenwillige Vorstellungen von einer idealen Beute: Sie flippen beim Anblick bestimmter Gegenstände schlicht-

weg aus: Sehr beliebt sind beispielsweise Kräuselband (Geschenkband) und Haargummis. Für solche Objekte der Begierde lassen Fetischisten unter den Feliden jedes andere Katzenspielzeug stehen und liegen. Sind sie erst mal im Jagdfieber, stoßen Einwände der menschlichen Besitzer dieser Objekte zuverlässig auf taube Ohren. Selbstbelohnendes Verhalten wird am besten in geordnete Bahnen gelenkt, indem Sie ein attraktiveres Angebot machen, dessen Nutzung obendrein auch noch gelobt und belohnt wird: Kratzmöbel aus Pappe, senkrecht an der Wand befestigt, können eine Alternative zum Tapetenkratzen bieten. Bei gefährlichen Spielzeugen wie Kräuselband und Haargummis können Sie Papierluftschlangen und größeres (nicht verschluckbares) Katzenspielzeug aus Gummi besorgen (viele Katzen finden den Gummigeruch unwiderstehlich). Vielleicht müssen Sie einiges durchprobieren, aber mit etwas Geduld werden Sie eine Alternative finden.

Die Meisterklasse:
CLICKERTRAINING

Eine besondere Freude können Sie sich selbst und Ihren Katzenkindern machen, indem Sie anfangen, nützliche Dinge wie das freiwillige Betreten des Katzentransporter und den stressfreien mehrminütigen Aufenthalt darin mit ihnen zu üben. Auch kleine Kunststücke lassen sich durchaus einstudieren. Besonders geeignet hierfür ist das sogenannte Clickertraining. Hierbei wird ein kurzer Laut – üblicherweise ein Klicken – mit der Gabe einer besonders attraktiven Belohnung verknüpft, die anfangs direkt beim Erklingen des Klickgeräuschs gereicht wird. Für die meisten Katzen ist die wirksamste Belohnung ein Leckerbissen. Probieren Sie in Ruhe aus, welche für Katzen geeignete Leckerei den größten Erfolg verspricht. Sobald die Katze einmal zuverlässig verstanden hat, dass das verwendete Geräusch eine Belohnung ankündigt, ist der Weg für das weitere Training geebnet: Erwünschte Handlungen werden durch einen Klick kenntlich gemacht, auf den die Belohnung folgt, unerwünschte bleiben einfach ohne Konsequenzen. Ähnlich wie bei dem beliebten Kinderspiel „Topfschlagen" tastet sich die Katze im Laufe täglicher, kurzer Übungseinheiten an das gewünschte Ziel heran.

Das Clickertraining ist eine große Bereicherung für jede Katze und kann auch schon mit drei oder vier Monate jungen Kätzchen begonnen werden, sofern Sie die täglichen Trainingseinheiten kurz halten und einfache Übungen wählen, wie beispielsweise einige Sekunden einem Target zu folgen. (Target = englisch „Ziel": beim Clickertraining in der Regel ein Stab, den die Katze mit der Nase berühren soll. Sie folgt dem vom Menschen geführten Stab, um schließlich für den Nasenkontakt mit der Stabspitze belohnt zu werden.)

Diese Form des Trainings verlangt allerdings auch Ihnen etwas ab: nämlich genaues Beobachten Ihrer Schüler, gutes Timing beim Klicken und Belohnen, Kreativität und Einfühlungsvermögen bei der Gestaltung der Übungen sowie Freude am gemeinsamen Lernen, ohne Druck auszuüben oder den Ehrgeiz zu entwickeln, den Katzen innerhalb kürzester Zeit zirkusreife Kunststücke abzuverlangen. Wenn Ihre Katzen Gefallen an dieser Art der Beschäftigung finden, haben Sie überdies die moralische Verpflichtung, regelmäßig mit ihnen zu „clickern", denn viele Katzen fordern es nachdrücklich ein und sind wirklich enttäuscht, wenn ihr Zweibeiner nicht dazu zu bewegen ist. Literaturempfehlungen zum Clickertraining finden Sie in der Rubrik „Zum Weiterlesen".

CLICKERTRAINING

BASICS

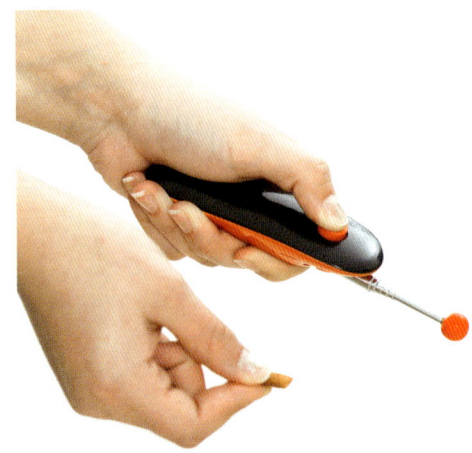

[a]

[a] MIT CLICKER UND LECKEREIEN lassen Katzen sich effektiv erziehen.

[b] HIERZU MUSS DIE MIEZE eine Verknüpfung zwischen Klickgeräusch und Leckerli herstellen. Wichtig: Dazwischen sollte nicht mehr als eine Sekunde liegen!

[c] ÜBEN Sie einmal täglich mit Ihren Kätzchen. Eine Trainingseinheit sollte nur 40 oder 50 Sekunden dauern, nicht länger.

[d] JETZT KOMMT DER TARGETSTAB ins Spiel. Belohnen Sie anfangs jede Beachtung des Stabs, auch Blicke oder Schnuppern in seine Richtung!

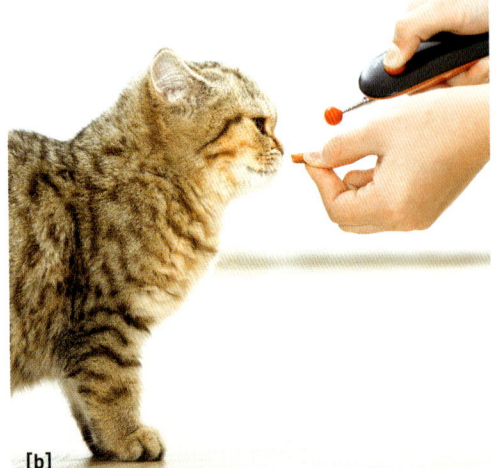

[b]

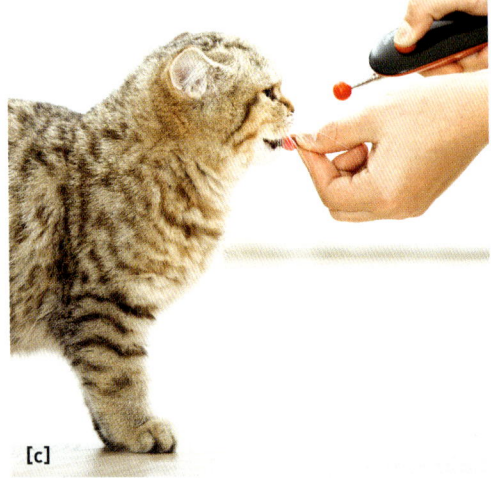

[c]

[d]

[e]

[f]

[e] **EINE BERÜHRUNG MIT DER PFOTE** ist okay, sollte jedoch nur einmal belohnt werden, denn das eigentliche Ziel ist die Kugel.

[f] **SOBALD DIE ÜBUNG** so gelingt wie hier, wird nur noch der Nasenkontakt belohnt.

[g] **PER TARGETSTAB** können Sie Ihr Kitten im wahrsten Sinne des Wortes an andere Übungen heranführen.

[h] **AM ZIEL** gibt es wieder Nasenkontakt mit dem Targetstab, Klick und Leckerli.

[i] **FÜR FORTGESCHRITTENE:** Per Targetstab geht's ab in die Transportbox.

[g]

[h]

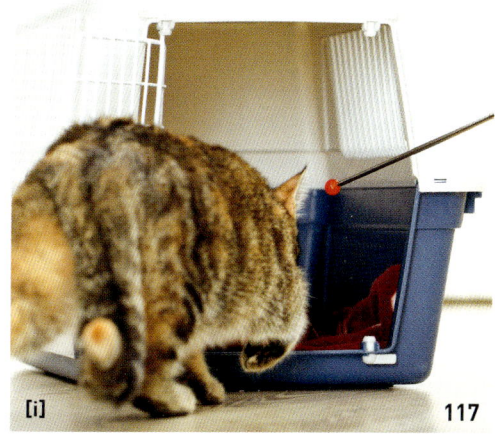

[i]

Die Katzen-
PUBERTÄT

OFT KÜNDIGT SICH das spätere Harnmarkieren durch sogenanntes Trockenmarkieren an.

Um den siebten Lebensmonat herum kommen Katzenkinder in die etwa drei Monate dauernde Pubertät, und die kann sich durchaus mit den gleichen Verhaltensweisen bemerkbar machen, wie sie es bei Menschenkindern tut. Plötzlich werden längst etablierte und gelernte Regeln wieder ignoriert – Ihre Jungkatzen testen aus, ob man nicht doch die gelernten Gebote erfolgreich unterwandern kann. Vielfach wirken die Tiere auf ihre Halter launisch und unruhig. Insbesondere selbstbewusste, bislang noch nicht kastrierte Kater werden gelegentlich ziemlich aggressiv, sei es anderen Vierbeinern des Haushalts oder auch ihren Menschen gegenüber.

Jetzt ist definitiv der Zeitpunkt gekommen, um noch unkastrierte Katzenkinder kastrieren zu lassen, damit sich unerwünschte Verhaltensweisen nicht verfestigen und sie gar nicht erst mit dem Urinmarkieren anfangen. Zwar markieren in erster Linie Kater, aber es gibt auch Kätzinnen, die dies tun. Das Markieren ist übrigens keine Verhaltensstörung, sondern eine normale Kommunikationsform erwachsener Katzen. Wenn Sie Ihre Miezen kastrieren lassen, bevor dieses Verhalten erstmals auftritt, haben Sie gute Chancen, dass sie es künftig auch nicht zeigen werden. Sollte das Harnmarkieren jedoch schon mehrfach aufgetreten sein, bevor die Kastration vorgenommen wird, kann es in Einzelfällen als Gewohnheit auch von Kastraten beibehalten werden. In diesem Fall sollten Sie sich schnell professionelle Hilfe holen, denn je länger das Verhalten anhält, desto stärker verfestigt es sich. Beobachten Sie Ihre Katzen also bitte während der Pubertät besonders aufmerksam und vereinbaren Sie lieber etwas zu früh als zu spät einen Termin für den Eingriff.

DIE WELT VOR DER HAUSTÜR

Man kann gar nicht oft genug betonen, dass aus Tierschutzgründen nur kastrierten Katzen der Freigang gewährt werden sollte. Abgesehen davon, dass unerwünschter Nachwuchs ausbleibt und Sie so helfen, Katzenelend zu verhindern, verhalten kastrierte Katzen sich im Verhältnis zu ihren fortpflanzungsfähigen Artgenossen umsichtiger. Jahr für Jahr sterben Tausende von Katzen auf deutschen Straßen. Tiere, die ihrem natürlichen Sexualtrieb folgen – insbesondere Kater –, werden am häufigsten Opfer des Straßenverkehrs. Man sollte meinen, dass so etwas Großes, Lautes und Stinkendes wie eine sechsspurige Autobahn auf ein kleines Tier wie die Katze, die ja auch selbst potenzielle Beute ist, höchst abschreckend wirkt. Leider ist das nicht der Fall!
Wenn Sie Ihre Wohngegend für sicher genug halten und andere erfahrene Katzenhalter in Ihrer Nachbarschaft diese Einschätzung bestätigen, können Sie

Ihren Katzen die Freiheit außerhalb der heimischen vier Wände gönnen. Das Risiko des Überfahrenwerdens ist angesichts der dichten Besiedelung in den meisten Gegenden Deutschlands leider immer präsent und Rassekatzen werden gelegentlich gestohlen. Daher sollten Sie sich gut überlegen, ob Ihr Nervenkostüm

FREIGANG bietet unseren Samtpfoten Abwechslung, birgt aber leider auch Gefahren.

es aushält, wenn Ihre vierpfotigen Lieben einmal nicht zu den gewohnten Futterzeiten nach Hause kommen oder sogar über Nacht verschwunden sind. Katzen, die Abwechslung und Jagdabenteuer im Freien zu schätzen gelernt haben, werden überdies immer wieder nach draußen drängen, was im Fall einer Krankheit (Ihrer oder der Katze) sehr anstrengend werden kann. Nur ganz wenige Exemplare können der „großen weiten Welt" wenig abgewinnen und bleiben freiwillig im Haus beziehungsweise zuverlässig in dessen unmittelbarer Nähe. Freuen Sie sich, wenn Ihre Katzen eher häuslich veranlagt sind. Es gibt heutzutage zahlreiche Möglichkeiten, Stubentigern ein erfülltes Leben in vier Wänden zu bieten.

ALTERNATIVEN ZUM FREIGANG

Eine eingenetzte Terrasse oder ein Katzengehege im Garten sind eine gute Alternative zum Freigang. Leider sind die in der Regel individuell zu konstruierenden, wirklich ausbruchssicheren Lösungen ein echter Luxus, der ziemlich schnell mit vierstelligen Ausgaben zu Buche schlägt. Andererseits kann die Tierarztbehandlung einer verunglückten Katze mit einer oder gar mehreren Operationen und Nachbehandlung ebenfalls sehr schnell über eintausend Euro kosten. Hier gilt es also abzuwägen, mit welcher Variante Sie sich langfristig am besten arrangieren können.

EIN FREIGEHEGE ist eine gute Alternative zum Freigang. So eine individuelle Lösung ausbruchsicher zu gestalten, erfordert jedoch handwerkliches Geschick.

DIE GESICHTER dieser beiden entsprechen schon nicht mehr dem für Kitten typischen Kindchenschema.

UND SCHON SIND SIE ERWACHSEN ...

Wie auch immer sich das Zusammenleben mit Ihren Katzen gestaltet: wenn diese das erste Lebensjahr vollendet haben, ist ihr Charakter weitgehend geformt und Sie haben zwar junge, aber fast erwachsene Katzen um sich. Natürlich gibt es – wie bei allen Lebewesen – individuelle Unterschiede. Bei den Rassekatzen spielen auch das angezüchtete Temperament sowie das langsamere Wachstum großer Rassen eine Rolle. Manch eine Katze wirkt bis zum fünften oder sechsten Lebensjahr durch ihre Verspieltheit und ihr Temperament noch sehr jugendlich (häufig bei Orientalen), während ruhigere Tiere generell „reifer" und „gesetzter"

wirken (beispielsweise Perser und Britisch-Kurzhaar-Katzen). Ausnahmen bestätigen die Regel.

Aber lassen Sie sich nicht von diesen Eindrücken beirren: Für alle Katzen gilt, dass sie ihr Leben lang lernen, auch wenn sie mit zwölf Monaten keine Katzenkinder mehr sind. Je enger die Bindung zwischen Ihnen und Ihren Samtpfoten ist, desto eher werden Sie immer wieder neue, teilweise ganz erstaunliche Verhaltensweisen an ihnen entdecken – hoffentlich vor allem solche, die Ihnen Freude bereiten sowie Ihnen die Intelligenz und die Individualität Ihrer vierbeinigen Freunde immer wieder bewusst machen. Ich wünsche Ihnen von ganzem Herzen eine schöne und gesunde, hoffentlich lange gemeinsame Zeit mit Ihren Katzenpersönlichkeiten!

SERVICE
Nützliches zum Schluss

ZUM WEITERLESEN

AUS DEM KOSMOS-VERLAG

Federer, Gabi und Martino Rivas:
Spiele für Katzen.

Jones, Renate (Hrsg.):
Kosmos Handbuch Katzen.

Lauer, Isabella
Wenn Katzen reden könnten.

Lauer, Isabella:
Zwei Katzen, doppeltes Glück.

Leyhausen, Paul:
Katzenseele.

Metz, Gabriele:
Katzenrassen.

Rauth-Widmann, Brigitte:
Katzensprache.

Rauth-Widmann, Brigitte:
Was denkt meine Katze?

Seidl, Denise:
Wenn meine Katze Probleme macht.

Seidl, Denise:
Spiel & Spaß für Katzen

Streicher, Dr. Michael:
**Kosmos Praxis-Handbuch
Katzenkrankheiten.**

Theby, Viviane:
Clickern mit meiner Katze.

NÜTZLICHE LINKS

GESUNDHEIT & SICHERHEIT

www.bundestieraerztekammer.de/
Bietet Links zu den Tierärztekammern
der einzelnen Bundesländer, wo Sie Informationen zu Tierärzten und Notdiensten
in Ihrer Nähe finden.

www.tasso.net
TASSO-Haustierzentralregister

www.registrier-dein-tier.de
Haustierregister des Deutschen Tierschutzbundes

KATZENBEDARF

www.catwalk-kratzbaeume.de
Hochwertige Kratzbäume im flexiblen
Modulsystem.

www.hagen.com
Anbieter von Intelligenz- und Beschäfti-
gungsspielzeugen.

www.keramik-im-hof.de/
Anbieter funktionaler und formschöner
Trinkbrunnen für Katzen.

www.trixie.de
Anbieter einer großen Auswahl an
praxiserprobten Intelligenzspielzeugen,
Katzenmöbeln und -betten u.v.m.

Danksagung

Autorin und Verlag danken den folgenden Firmen für die großzügige Unterstützung bei
der Erstellung der Fotos: cat-on® by Martin Frank, Catwalk – Katzen Kratzbaum System,
TRIXIE Heimtierbedarf GmbH & Co. KG
Die zur Verfügung gestellten Produkte ermöglichten innovative Fotostrecken, die neben hoher
Qualität auch neue Trends zeigen.

DIE AUTORIN

BETTINA VON STOCKFLETH absolvierte die Ausbildung zur Tierpsychologin an der Schweizer Akademie für Tiernaturheilkunde (ATN) und spezialisierte sich in ihrer Beratungspraxis ganz bewusst auf Katzen, wozu ihr eigener Fundkater Tharuk den Anstoß gab. Im Rahmen von Hausbesuchen in Hamburg, Niedersachsen und Schleswig-Holstein sowie in Deutschland, Österreich und der Schweiz per Telefon steht sie Haltern als Beraterin und Katzentherapeutin zur Seite. Darüber hinaus schreibt sie regelmäßig Fachartikel für diverse Katzenzeitschriften im In- und Ausland.

Tiere begleiten Bettina von Stockfleth schon seit ihrem fünften Lebensjahr – vom Wellensittich über Hamster bis hin zum Schäferhund. Derzeit teilt die engagierte Tierschützerin ihr Zuhause im Nordheidestädtchen Buchholz (bei Hamburg) mit drei Katern, die sie als ihre besten Lehrer bezeichnet. Gemeinsam mit dem willensstarken „Waldfindelkind" Tharuk, dem sensiblen hessischen Ex-Streuner Eddy und dem spielwütigen spanischen Mini-Macho Rodrigo testet sie besonders gerne Intelligenzspielzeug und probiert neue Clickertrainingübungen mit ihrem Katerteam aus. www.mensch-und-katze.de

BETTINA VON STOCKFLETH mit Kater Tharuk

REGISTER

BILDNACHWEIS

143 Fotos wurden von Sandra Schürmans/Kosmos extra für dieses Buch aufgenommen.

Weitere Farbfotos stammen von:
Tatjana Drewka/Kosmos (1: S. 120), Oliver Giel (3: S. 33 oben, 64, 69 oben) Gabriele Metz/Kosmos (2: S. 70, 103) und Vivien Venzke/von Stockfleth (1: S. 125)

IMPRESSUM

Umschlaggestaltung von GRAMISCI Editorialdesign unter Verwendung von zwei Farbfotos von Sandra Schürmans/Kosmos

Mit 150 Farbfotos

Unser gesamtes lieferbares Programm und viele weitere Informationen zu unseren Büchern, Spielen, Experimentierkästen, DVDs, Autoren und Aktivitäten finden Sie unter **kosmos.de**

Gedruckt auf chlorfrei gebleichtem Papier

© 2013, Franckh-Kosmos Verlags-GmbH & Co. KG, Stuttgart.
Alle Rechte vorbehalten
ISBN 978-3-440-13572-3
Redaktion: Ute-Kristin Schmalfuß
Gestaltungskonzept: GRAMISCI Editorialdesign, München
Gestaltung und Satz: Atelier Krohmer, Dettingen/Erms
Produktion: Eva Schmidt
Printed in Germany / Imprimé en Allemagne

FSC
www.fsc.org
MIX
Papier aus ver-
antwortungsvollen
Quellen
FSC® C110508